Production Note

LA

GÉOMÉTRIE RÉGLÉE

ET SES APPLICATIONS.

18305 PARIS. — IMPRIMERIE GAUTHIER-VILLARS ET FILS,
Quai des Grands-Augustins, 55.

LA

GÉOMÉTRIE RÉGLÉE

ET SES APPLICATIONS,

PAR

G. KOENIGS,

PROFESSEUR SUPPLÉANT AU COLLÈGE DE FRANCE.

COORDONNÉES. — SYSTÈMES LINÉAIRES. — PROPRIÉTÉS
INFINITÉSIMALES DU PREMIER ORDRE.

PARIS,

GAUTHIER-VILLARS ET FILS, IMPRIMEURS-LIBRAIRES

DE L'ÉCOLE POLYTECHNIQUE, DU BUREAU DES LONGITUDES,

Quai des Grands-Augustins, 55.

1895

ÉTUDE BIBLIOGRAPHIQUE.

LA

GÉOMÉTRIE RÉGLÉE

ET SES APPLICATIONS,

PAR M. G. KŒNIGS,

Maître de Conférences à l'École Normale et à la Sorbonne.

INTRODUCTION.

Dans une branche de la Géométrie qui touche aux points les plus essentiels de toutes les autres, et dont le développement a été un des termes de l'évolution de la Science pendant toute la première partie de ce siècle, il semble bien difficile de donner avec certitude le nom de l'inventeur. C'est à Plücker que l'on attribue généralement la gloire de cette invention, et cependant ni l'idée des congruences de droites, ni même celle des complexes n'ont reçu de lui leur première consécration. Tout le monde reconnaît que les propriétés des congruences remontent aux premières recherches d'optique géométrique; mais, pour ce qui est des complexes, on paraît trop disposé à oublier que Malus les a conçus le premier dans son *Traité d'Optique,* et qu'il est parvenu dans ce sujet à une proposition capitale, mentionnée ultérieurement par Chasles dans son Rapport sur un intéressant Mémoire de Transon sur le groupement des droites d'un complexe en congruences de normales à une surface. Il est très remarquable que la proposition de Malus touche de fort près à un autre ordre d'idées, dont nous aurons occasion de parler, et qui a été développé d'une façon magistrale par M. Sophus Lie.

On trouvera plus loin, dans la partie historique, les citations exactes qui corroborent les affirmations actuelles. Il n'en reste pas moins à Plücker l'immortel mérite d'avoir entrevu le rôle de la droite dans la Géométrie et d'avoir, sinon pratiqué, au moins indiqué une méthode pour grouper sous des lois plus élevées les grands principes de la géométrie projective appelés par Chasles *homographie* et *dualité*.

Mais il n'a pas été donné à Plücker de cueillir les fruits de sa découverte. Pour les faire prospérer et mûrir, il ne fallait rien moins que le grand talent d'un géomètre universellement estimé et qui s'est également illustré dans l'Analyse. M. Klein a repris les idées de Plücker en les appuyant sur les méthodes de l'Algèbre moderne. La symétrie et l'élégance de ses résultats, notamment en ce qui concerne les complexes quadratiques, lui ont attiré à juste titre l'admiration des géomètres.

Nous aurons occasion, dans le cours de cette étude, de mentionner d'autres noms très justement dignes d'être cités; mais les travaux de M. Sophus Lie sur cette branche de la Géométrie méritent une mention particulière. Cet illustre géomètre a établi les liens les plus étroits entre la géométrie de Plücker et la théorie des équations différentielles; il a, en quelque sorte, transporté sur le domaine transcendant une doctrine qui peut paraître au premier abord presque exclusivement algébrique.

J'arrêterai ici les noms que je veux citer dans cette Introduction, pour ne pas faire double emploi avec la Notice historique qui accompagne ce Mémoire. Il est certain que la Géométrie réglée doit beaucoup à MM. Cayley, Sylvester, Möbius, Chasles, Battaglini, mais les trois noms de Plücker, Klein, Sophus Lie, caractérisent en quelque sorte trois phases de la doctrine de la ligne droite, et c'est pourquoi je les ai placés en tête de la présente étude (1).

(1) Ce travail est une reproduction partielle d'un Cours que j'ai professé en 1887-1888 au Collège de France.

CHAPITRE I.

LES COORDONNÉES DE LA LIGNE DROITE; GÉNÉRALITÉS.

Caractère dualistique et projectif de la Géométrie réglée. — Double définition des coordonnées plückériennes. — La forme quadratique fondamentale $\omega(z)$. — La forme polaire. — Retour aux notions purement dualistiques. — Transformation linéaire. — Faisceau, gerbe et système plan. — Systèmes réglés; leur classification.

1. Dès le début de ses recherches, Plücker lui-même a insisté sur le double caractère dualistique et projectif de l'espace réglé.

On peut, dans une figure de Géométrie, ne considérer que les points qui la composent. En transformant homographiquement, on obtient une figure analogue définie immédiatement au moyen de ses points. C'est ce que l'on exprime en disant que *la transformée homographique d'une figure ponctuelle est une autre figure ponctuelle.*

Si l'on s'était attaché, au contraire, à la considération des plans qui concourent à engendrer la figure, celle-ci eût été une *figure planaire; sa transformée homographique serait une autre figure planaire.* On résumera ces deux remarques en disant que *l'espace ponctuel et l'espace planaire sont transformés respectivement en espaces* DE MÊME NOM par toute transformation *homographique.*

Effectuons, maintenant, une transformation dualistique : par exemple, une transformation par polaires réciproques; alors toute figure ponctuelle se change en une figure planaire et toute figure planaire est une figure ponctuelle.

On peut résumer cette double remarque en disant que *l'espace ponctuel et l'espace planaire sont transformés respectivement en espaces de* NOM CONTRAIRE *par toute transformation* DUALISTIQUE.

Mais on doit se souvenir que la dualité a été placée par Chasles à côté de l'homographie dès le premier quart de ce siècle, et que les progrès ultérieurs n'ont fait qu'accentuer l'importance et en même temps la similitude de ces deux transformations fondamentales. On comprend donc qu'il y ait quelque intérêt à trouver une conception, un mode de définition des figures qui reste inaltéré par suite de l'une et l'autre de ces transformations.

Si l'on considère dans une figure non plus les points qui la composent, ni même les plans qui l'engendrent, mais bien les droites qui entrent dans sa construction, nous obtenons un nouveau mode de définition que nous caractérisons en disant que la figure est *réglée*. La figure réglée vient donc se placer naturellement à côté des figures ponctuelles et planaires. Mais l'avantage de ce mode de définition apparaît immédiatement si l'on observe qu'une droite a pour transformée une droite *par dualité aussi bien que par homographie;* car il en résulte aussitôt que la transformée d'une figure réglée soit par dualité, soit par homographie, est une autre figure réglée, ce que l'on peut exprimer en disant que l'*espace réglé* se transforme en un espace de même nom et *par homographie* et *par dualité*.

La théorie des figures réglées est donc en quelque sorte la suprême expression de la grande évolution géométrique inaugurée par Poncelet, Gergonne et Chasles, et qui, bien loin de s'arrêter, tend au contraire à pénétrer jusque dans la géométrie transcendante.

Tout théorème concernant une figure ponctuelle, planaire ou réglée, pourra s'appeler *ponctuel, planaire, réglé*. Il est clair que tout théorème non réglé donne lieu à une proposition conjuguée, à savoir celle que l'on en déduit par polaires réciproques. De là le nom de *géométrie en partie double* qui sert à rappeler l'habitude qu'ont quelques géomètres d'opposer à tout théorème non réglé son théorème conjugué. Par l'emploi des droites ce double énoncé disparaît, un seul suffit pour les deux propositions. On en verra bientôt un exemple dans la géométrie de la gerbe et dans celle du système plan.

Pour rendre plus claire l'idée dominante de ce paragraphe, considérons une courbe dans l'espace. On peut y voir d'abord un ensemble de points dépendant d'un paramètre, savoir les points de la courbe; on peut y voir aussi un ensemble de plans dépendant du même paramètre, à savoir les plans osculateurs; enfin on peut y voir un ensemble de droites dépendant toujours du même paramètre, à savoir les tangentes de la courbe. La connaissance de l'un quelconque de ces trois ensembles suffit pour définir tous les autres au moyen d'opérations différentielles faciles à exécuter. Néanmoins, une étude approfondie des transformations géométriques a montré qu'il y avait lieu de les distinguer les uns des autres et de porter son attention, suivant les cas, tantôt sur l'un, tantôt sur l'autre, bien qu'ils soient, en fait, inséparables. Représentons donc provisoirement par E_p, E_π, E_d l'ensemble des points d'une courbe, l'ensemble de ses plans osculateurs et l'ensemble de ses tangentes. Si l'on effectue une transformation homographique, chacun de ces ensembles se transformera dans un ensemble identique E'_p, E'_π, E'_d. Effectuons, au contraire, une transformation dualistique; E_p se changera en un système E'_π et E_π se changera dans le système E'_p attaché à E'_π; mais, en revanche, le système E_d se changera dans le système E'_d. Ainsi, il y aura cet avantage à définir les ensembles attachés à une courbe au moyen de l'ensemble E_d des tangentes, que cette définition conservera son caractère par dualité aussi bien que par homographie. Tout théorème concernant un système E_p, par exemple, aura son correspondant dans un système E_π; mais, si l'on traduit le théorème de telle sorte que le système E_d (attaché à E_p) figure seul dans son énoncé, la proposition se trouvera coïncider avec la proposition conjuguée.

On pourrait pareillement définir une surface, non plus par ses points ou ses plans tangents, mais par ses tangentes; on a été ainsi conduit à des propriétés nouvelles, qui montrent bien l'avantage de la méthode.

2. Une droite possède elle-même deux modes de génération; elle est le lieu d'un point; elle est aussi le lieu d'un plan qui tourne autour d'elle. Plücker appelle *rayon* la droite considérée comme lieu de points, et *axe* la droite considérée comme lieu de plans. Le mot *axe* est employé dans tant d'acceptions, et, d'autre part, la distinction est si peu essentielle que nous ne trouvons pas d'avantage à recueillir ces locutions. A vrai dire, il importe peu qu'une droite soit considérée comme lieu de points ou de plans; elle est naturellement l'un et l'autre, et ce n'est pas, dans tous les cas, à la géométrie réglée à établir une telle distinction; bien mieux elle doit y être impuissante, puisqu'elle reste indifférente à toute transformation dualistique. La distinction établie par Plücker tient donc plutôt à l'imperfection de sa méthode, qui ne sut jamais se libérer de la considération encombrante de l'espace ponctuel et de l'espace planaire. Dans les travaux de M. Klein on ne trouve rien de pareil. Tous les éléments que l'on y rencontre sont *dualistiques en eux-mêmes,* c'est-à-dire se transforment par dualité en éléments identiques; et telle doit être notre préoccupation dès le début, en définissant les coordonnées. Il pourra sembler au premier abord que nous nous écartons de cette règle; mais nous ne tarderons pas à y rentrer.

3. Considérons un espace ponctuel rapporté à des coordonnées homogènes ponctuelles; soient x_1, x_2, x_3, x_4 les coordonnées d'un point x, et

$$\xi_1 x_1 + \xi_2 x_2 + \xi_3 x_3 + \xi_4 x_4 = 0 \tag{1}$$

l'équation d'un plan, les quantités ξ_1, ξ_2, ξ_3, ξ_4 seront les coordonnées homogènes de ce plan, et l'équation (1) exprime que le point x et le plan ξ sont *unis,* c'est-à-dire que le point est dans le plan.

Prenons deux plans ξ, η; ces plans se coupent suivant une droite D, et si l'on pose

$$\rho p_{ik} = \xi_i \eta_k - \eta_i \xi_k, \tag{2}$$

où ρ est un coefficient de proportionnalité, les plans menés par la droite D et par les sommets du tétraèdre de référence auront pour équations, en coordonnées courantes X_i,

$$(3)\quad \begin{cases} * + p_{12}X_2 + p_{13}X_3 + p_{14}X_4 = 0, \\ p_{21}X_1 + * + p_{23}X_3 + p_{24}X_4 = 0, \\ p_{31}X_1 + p_{32}X_2 + * + p_{34}X_4 = 0, \\ p_{41}X_1 + p_{42}X_2 + p_{43}X_3 + * = 0. \end{cases}$$

Si l'on développe le déterminant nul

$$0 = \Delta = \begin{vmatrix} \xi_1 & \xi_2 & \xi_3 & \xi_4 \\ \eta_1 & \eta_2 & \eta_3 & \eta_4 \\ \xi_1 & \xi_2 & \xi_3 & \xi_4 \\ \eta_1 & \eta_2 & \eta_3 & \eta_4 \end{vmatrix},$$

on trouve

$$(4)\quad \Delta = 2(p_{12}p_{34} + p_{13}p_{42} + p_{14}p_{23}) = 0.$$

Prenons réciproquement six quantités p_{12}, p_{13}, p_{14}, p_{34}, p_{42}, p_{23}, liées par l'équation (4), et formons les équations (3) en convenant que $p_{ki} = -p_{ik}$, on vérifie par un calcul facile que les quatre plans (3), *en vertu de* (4), se coupent suivant une même droite D; on vérifie encore fort aisément que si par cette droite on fait passer deux plans ξ, η, le binôme $(\xi_i\, \eta_k - \eta_i \xi_k)$ est proportionnel à p_{ik}. Donc, six quantités

$$p_{12},\quad p_{13},\quad p_{14},\quad p_{34},\quad p_{42},\quad p_{23},$$

liées par l'équation

$$(5)\quad p_{12}p_{34} + p_{13}p_{42} + p_{14}p_{23} = 0,$$

définissent complètement une droite par le moyen des équations (3), où il est entendu que $p_{ki} = -p_{ik}$. Mais nous devons hésiter encore à adopter ces six quantités p pour coordonnées de la droite à cause de l'absence de tout caractère dualistique dans la définition de ces quantités. Nous les avons en effet obtenues, par le moyen des équations (2) et (3), en regardant la droite D comme intersection de deux ou de plusieurs plans.

Pour lever la difficulté, il suffira de faire appel à la définition corrélative.

Prenons deux points x, y sur la droite : tout point de cette droite sera représenté par les coordonnées

$$z_i = l x_i + m y_i,$$

où l, m sont deux paramètres. Cherchons la trace de cette droite sur le plan $z_\alpha = 0$; en posant

$$(6)\quad \sigma q_{ik} = x_i y_k - y_i x_k,$$

où σ est un facteur de proportionnalité, nous trouverons que la droite coupe le plan $z_\alpha = 0$ en un point de coordonnées

$$q_{\alpha 1}, \quad q_{\alpha 2}, \quad q_{\alpha 3}, \quad q_{\alpha 4} \qquad (\text{on voit que } q_{\alpha\alpha} = 0);$$

on a donc ainsi les quatre points

$$(7) \qquad \begin{cases} (0, & q_{12}, & q_{13}, & q_{14}), \\ (q_{21}, & 0, & q_{23}, & q_{24}), \\ (q_{31}, & q_{32}, & 0, & q_{34}), \\ (q_{41}, & q_{42}, & q_{43}, & 0); \end{cases}$$

en développant le déterminant nul analogue à Δ

$$\begin{vmatrix} x_1 & x_2 & x_3 & x_4 \\ y_1 & y_2 & y_3 & y_4 \\ x_1 & x_2 & x_3 & x_4 \\ y_1 & y_2 & y_3 & y_4 \end{vmatrix},$$

on constatera que l'expression suivante est nulle :

$$(8) \qquad q_{12}q_{34} + q_{13}q_{42} + q_{14}q_{23} = 0.$$

Réciproquement, prenons six quantités $q_{12}, q_{13}, q_{14}, q_{34}, q_{42}, q_{23}$ liées par l'équation (8); un calcul facile prouve que, grâce à la seule condition (8), les quatre points (7), où l'on suppose $q_{ki} = -q_{ik}$, sont sur une même droite D.

4. Nous voilà donc en présence d'un nouveau système de coordonnées q de la droite, où cette ligne est maintenant considérée comme lieu de points. D'après ce qui a été dit plus haut sur le caractère de dualité que nous devons conserver à notre exposition, nous n'aurions pas plutôt le droit de choisir le système de coordonnées q que le système de coordonnées p. Mais heureusement nous n'avons pas besoin de choisir, ces *coordonnées se trouvent être identiques.*

Partons, en effet, de la droite D représentée par les équations (3) et exprimons que la droite contient les points x et y; nous aurons

$$p_{12}x_2 + p_{13}x_3 + p_{14}x_4 = 0,$$
$$p_{12}y_2 + p_{13}y_3 + p_{14}y_4 = 0;$$

d'où l'on conclut

$$\frac{p_{12}}{x_3y_4 - x_4y_3} = \frac{p_{13}}{x_4y_2 - x_2y_4} = \frac{p_{14}}{x_2y_3 - x_3y_2},$$

c'est-à-dire

$$\frac{p_{12}}{q_{34}} = \frac{p_{13}}{q_{42}} = \frac{p_{14}}{q_{23}};$$

on aurait, de même,

$$p_{21}x_1 + p_{23}x_3 + p_{24}x_4 = 0,$$

$$p_{21}y_1 + p_{23}y_3 + p_{24}y_4 = 0,$$

d'où

$$\frac{p_{21}}{x_3y_4 - y_3x_4} = \frac{p_{23}}{x_4y_1 - y_4x_1} = \frac{p_{24}}{x_1y_3 - y_1x_3},$$

c'est-à-dire

$$\frac{p_{12}}{q_{34}} = \frac{p_{23}}{q_{14}} = \frac{p_{42}}{q_{13}};$$

de la troisième des équations (3) on tirerait de même que ces rapports égaux sont encore égaux à $\frac{p_{34}}{q_{12}}$, ensuite qu'on a définitivement

$$\frac{p_{12}}{q_{34}} = \frac{p_{13}}{q_{42}} = \frac{p_{14}}{q_{23}} = \frac{p_{34}}{q_{12}} = \frac{p_{42}}{q_{13}} = \frac{p_{23}}{q_{14}}, \tag{9}$$

et en rapprochant alors les formules (2) et (6), et en changeant un peu les coefficients de proportionnalité, nous écrirons

$$(10)\quad \left\{\begin{aligned}
r_{12} &= \rho(\xi_1\eta_2 - \eta_1\xi_2) = \sigma(x_3y_4 - y_3x_4),\\
r_{13} &= \rho(\xi_1\eta_3 - \eta_1\xi_3) = \sigma(x_4y_2 - y_4x_2),\\
r_{14} &= \rho(\xi_1\eta_4 - \eta_1\xi_4) = \sigma(x_2y_3 - y_2x_3),\\
r_{34} &= \rho(\xi_3\eta_4 - \eta_3\xi_4) = \sigma(x_1y_2 - y_1x_2),\\
r_{42} &= \rho(\xi_4\eta_2 - \eta_4\xi_2) = \sigma(x_1y_3 - y_1x_3),\\
r_{23} &= \rho(\xi_2\eta_3 - \eta_2\xi_3) = \sigma(x_1y_4 - y_1x_4),
\end{aligned}\right.$$

et ce sont ces quantités r_{ik}, susceptibles d'une double signification, que nous adopterons pour coordonnées de la ligne droite; ces coordonnées vérifiant la relation quadratique

$$\omega(r) = 2(r_{12}r_{34} + r_{13}r_{42} + r_{14}r_{23}) = 0. \tag{11}$$

Cette forme quadratique $\omega(r)$ joue un rôle essentiel. Nous allons établir à son égard une proposition de la plus haute importance.

5. Cherchons la condition de rencontre des deux droites r, r'; pour cela partons des équations (3), la droite r sera l'intersection des deux plans

$$(12)\quad \left\{\begin{aligned}
r_{12}X_2 + r_{13}X_3 + r_{14}X_4 &= 0,\\
-r_{12}X_1 + r_{23}X_3 + r_{24}X_4 &= 0,
\end{aligned}\right.$$

et la droite r' sera l'intersection des deux plans

$$(12')\quad \left\{\begin{aligned}
r'_{12}X_2 + r'_{13}X_3 + r'_{14}X_4 &= 0,\\
-r'_{12}X_1 + r'_{23}X_3 + r'_{24}X_4 &= 0.
\end{aligned}\right.$$

Éliminons X_1 et X_2 entre (12) et (12'): nous trouverons

$$(r_{13}r'_{12} - r'_{13}r_{12})X_3 + (r_{14}r'_{12} - r'_{14}r_{12})X_4 = 0,$$
$$(r_{23}r'_{12} - r'_{23}r_{12})X_3 + (r_{24}r'_{12} - r'_{24}r_{12})X_4 = 0;$$

la condition de rencontre, nécessaire et suffisante, est donc

$$(13) \quad \left\{ \begin{array}{l} (r_{13}r'_{12} - r'_{13}r_{12})(r_{24}r'_{12} - r'_{24}r_{12}) \\ -(r_{14}r'_{12} - r'_{14}r_{12})(r_{23}r'_{12} - r'_{23}r_{12}) = 0, \end{array} \right.$$

ce qui s'écrit

$$r'^2_{12}(r_{13}r_{24} - r_{14}r_{23}) + r^2_{12}(r'_{13}r'_{24} - r'_{14}r'_{23})$$
$$+ r'_{12}r_{12}(-r_{13}r'_{24} - r'_{13}r_{24} + r_{14}r'_{23} + r'_{14}r_{23}) = 0;$$

mais on a

$$r_{12}r_{34} + r_{13}r_{42} + r_{14}r_{23} = 0,$$

de plus $r_{24} = -r_{42}$; on a ainsi

$$r_{13}r_{24} - r_{14}r_{23} = r_{12}r_{34},$$
$$r'_{13}r'_{24} - r'_{14}r'_{23} = r'_{12}r'_{34};$$

et l'équation (13) devient

$$r_{12}r'_{12}(r_{12}r'_{34} + r'_{12}r_{34} + r_{13}r'_{42} + r'_{13}r_{42} + r_{14}r'_{23} + r'_{14}r_{23}) = 0.$$

Nos calculs supposent que r_{12} et r'_{12} ne sont pas nuls, hypothèse sans importance. La condition cherchée s'écrira donc

$$(14) \quad r_{12}r'_{34} + r_{13}r'_{42} + r_{14}r'_{23} + r_{34}r'_{12} + r_{42}r'_{13} + r_{23}r'_{14} = 0.$$

Mais, si l'on se reporte à l'expression de $\omega(r)$,

$$\omega(r) = 2(r_{12}r_{34} + r_{13}r_{42} + r_{14}r_{23}),$$

le premier membre de l'équation (14) peut s'écrire

$$\frac{1}{2}\left[\frac{\partial\omega(r)}{\partial r_{12}}r'_{12} + \frac{\partial\omega(r)}{\partial r_{13}}r'_{13} + \frac{\partial\omega(r)}{\partial r_{14}}r'_{14} + \frac{\partial\omega(r)}{\partial r_{23}}r'_{23} + \frac{\partial\omega(r)}{\partial r_{34}}r'_{34} + \frac{\partial\omega(r)}{\partial r_{42}}r'_{42}\right];$$

on représente généralement cette expression par le symbole

$$\omega(r, r') = \frac{1}{2}\left(\frac{\partial\omega}{\partial r_{12}}r'_{12} + \ldots + \frac{\partial\omega}{\partial r_{23}}r'_{23}\right),$$

la condition de rencontre s'exprimera donc par l'équation

$$(15) \quad \omega(r, r') = 0.$$

Ainsi, *si l'on construit la* FORME POLAIRE $\omega(r, r')$ *relative à deux droites* r, r', *l'évanouissement de cette forme exprime la rencontre des droites* r *et* r'.

Ce fait présente la plus haute importance : grâce à lui nous pourrons désormais nous affranchir de toutes considérations d'espace ponctuel ou planaire qui ne nous ont servi jusqu'ici que comme intermédiaires pour parvenir à cette forme quadratique ω et à la propriété si remarquable de sa forme polaire. *Tout ce qu'il nous suffit de retenir ici, c'est que si l'on choisit six quantités quelconques* r_{12}, r_{13}, r_{14}, r_{34}, r_{42}, r_{23}, *liées par l'équation*

$$\omega(r) = 2(r_{12}r_{34} + r_{13}r_{42} + r_{14}r_{23}) = 0,$$

une droite se trouve définie (peu importe pour le moment comment la construction de la droite peut résulter de cette définition) *et que, de plus, la rencontre de deux droites* r, r' *s'exprime par l'équation* $\omega(r, r') = 0$.

Il est assurément fort digne d'intérêt que cette simple notion de la forme $\omega(r)$ suffise, *sans davantage préciser*, pour édifier toute la géométrie réglée.

6. Notre premier soin sera de donner une vue plus large sur cette forme ω. Si nous exprimons les paramètres r_{ik} en fonction linéaire de six nouveaux paramètres x_i

$$r_{ik} = A_{ik,1}x_1 + \ldots + A_{ik,6}x_6, \tag{16}$$

rien ne nous empêche de prendre x_1, x_2, ..., x_6 pour nouvelles variables, le déterminant de la substitution linéaire (16) n'étant pas nul. Ces nouvelles variables seront liées par une relation quadratique homogène $\xi(x) = 0$, où la forme $\xi(x)$ *est la transformée de la forme* $\omega(r)$.

Quant à $\omega(r, r')$ sa transformée sera, d'après une propriété bien connue des formes quadratiques, la forme polaire $\xi(x, x')$. Voici, au surplus, la démonstration de ce fait. Soient $(r_{12}, r_{13}, \ldots, r_{23})$, $(r'_{12}, r'_{13}, \ldots, r'_{23})$ deux systèmes de valeurs des r, et $(x_1, x_2, \ldots, x_6)$, $(x'_1, x'_2, \ldots, x'_6)$ les systèmes de valeurs correspondantes des x. Le système $(x_1 + \lambda x'_1)$, $(x_2 + \lambda x'_2)$, ..., $(x_6 + \lambda x'_6)$ où λ est une arbitraire, correspondra au système $(r_{12} + \lambda r'_{12})$, $(r_{13} + \lambda r'_{13})$, ..., $(r_{23} + \lambda r'_{23})$, et l'on aura, par suite,

$$\omega(r + \lambda r') = \xi(x + \lambda x'),$$

d'où

$$\omega(r) + 2\omega(r, r')\lambda + \omega(r')\lambda^2 = \xi(x) + 2\xi(x, x')\lambda + \xi(x')\lambda^2, \tag{17}$$

et, identifiant les coefficients de λ^2, λ, 1, on trouve, outre deux relations évidentes, la relation qu'il fallait trouver, à savoir

$$\omega(r, r') = \xi(x, x'),$$

où, d'après la formule (17) même, on a

$$2\xi(x, x') = \frac{\partial\xi}{\partial x_1} x'_1 + \frac{\partial\xi}{\partial x_2} x'_2 + \ldots + \frac{\partial\xi}{\partial x_6} x'_6.$$

La forme particulière que nous avions trouvée pour la forme quadratique $\omega(r)$ n'a donc rien d'essentiel : une transformation linéaire des paramètres permet de ramener cette forme à une forme quadratique quelconque à six variables (quelconque si l'on ne recule pas devant une transformation linéaire à coefficients imaginaires), et dont le discriminant n'est pas nul. On peut donc énoncer le théorème suivant :

A tout système de six variables x_1, x_2, x_3, x_4, x_5, x_6, liées par une relation quadratique $\xi(x) = 0$, de discriminant non nul, on peut faire correspondre une droite déterminée de l'espace, la correspondance ayant ce caractère que l'équation $\xi(x, x') = 0$ exprime la rencontre de deux droites x, x'.

Maintenant que nous avons donné toute son ampleur à la notion de cette forme quadratique fondamentale $\xi(x)$, nous pouvons pénétrer plus avant dans la théorie en n'y employant plus désormais que des éléments dualistiques et projectifs.

7. Le premier des éléments dont nous aurons à nous servir, c'est le faisceau plan des droites, c'est-à-dire l'ensemble des droites qui sont issues d'un point dans un plan; nous appellerons ce point et ce plan les *supports* du faisceau de droites.

Un faisceau est défini complètement par deux de ses droites a et b; *toutes les autres ont des coordonnées de la forme*

$$x_i = \lambda a_i + \mu b_i, \tag{18}$$

où λ, μ sont des paramètres. En effet, on a d'abord

$$\xi(x) = \xi(\lambda a + \mu b) = \xi(a)\lambda^2 + 2\xi(a, b)\lambda\mu + \xi(b)\mu^2,$$

et comme $\xi(a) = 0$, $\xi(b) = 0$ et $\xi(a, b) = 0$, à cause de la rencontre des droites a et b, il en résulte

$$\xi(\lambda a + \mu b) = 0;$$

donc $(\lambda a_i + \mu b_i)$ sont les coordonnées d'une droite x; cette droite fait partie du faisceau (a, b); en effet, soit d une droite qui coupe a et b, on aura

$$\xi(a, d) = 0, \qquad \xi(b, d) = 0,$$

et, par suite,

$$\xi(\lambda a + \mu b, d) = \xi(a, d)\lambda + \xi(b, d)\mu = 0.$$

Les droites représentées par la formule (18) coupent donc toute droite d qui coupe a et b; cela ne se peut que si ces droites x sont dans le plan (a, b), comme on le voit en prenant pour d une droite quelconque de ce plan; de même, en prenant pour d une droite quelconque issue du point (a, b), on voit que toutes les droites (18) doivent passer par le point (a, b). Toutes les droites (18) font donc partie du faisceau (a, b). J'ajoute que, réciproquement, toute droite du faisceau (a, b) est représentable par les formules (18). En effet, prenons une droite d *quelconque* coupant une droite arbitraire z du faisceau (a, b); il n'y a qu'une seule droite de ce faisceau qui coupe d (on ne suppose pas que d soit coupée par toutes les droites du faisceau), et cette droite unique c'est la droite z. Or, on peut déterminer λ, μ, de sorte que x coupe d; il suffit de vérifier l'équation

$$\xi(x, d) = \xi(a, d)\lambda + \xi(b, d)\mu = 0;$$

il y a donc une droite (18) qui coupe d, et, comme toutes les droites (18) font partie du faisceau, cette droite (18), qui coupe d et fait partie du faisceau, ne peut être que la droite z qu'on a prise arbitrairement dans le faisceau (a, b); donc toute droite du faisceau (a, b) est identique à une droite et à une droite unique du système (18).

En résumé, si l'on se reporte aux formules (18), à toute valeur de $\lambda : \mu$ répond une droite du faisceau (a, b), et réciproquement. Les formules (18) réalisent donc la représentation du faisceau plan (a, b).

Mais il y a plus, puisque $\lambda : \mu$ et les droites du faisceau se correspondent univoquement, c'est-à-dire puisque à une valeur de $\lambda : \mu$ répond une droite unique, et, inversement, puisqu'à une droite du faisceau ne répond qu'une valeur de $\lambda : \mu$, il en résulte, conformément au principe de correspondance sous sa forme la plus simple, que, si l'on prend quatre droites α, β, γ, δ du faisceau et que l'on désigne par ρ, σ, τ, υ les valeurs correspondantes de $\lambda : \mu$, le rapport anharmonique $(\alpha, \beta, \gamma, \delta)$ des quatre droites sera égal au rapport anharmonique $(\rho, \sigma, \tau, \upsilon)$ des rapports correspondants

$$(\alpha, \beta, \gamma, \delta) = (\rho, \sigma, \tau, \upsilon). \tag{19}$$

Par exemple, les droites $(\lambda a_i + \mu b_i)$ et $(\lambda a_i - \mu b_i)$ forment avec les droites a et b un faisceau harmonique.

8. Deux droites qui se coupent définissent un faisceau plan; trois droites qui se coupent forment un triangle ou un trièdre. Si elles forment un triangle, toute droite qui les coupe engendre le système des droites d'un plan (système plan). Si elles forment un trièdre, toute droite qui les coupe passe par leur point commun et l'ensemble de ces droites engendre ce que l'on appelle une *gerbe de droites*, c'est-à-dire l'ensemble des droites issues d'un point fixe. La géométrie de

la gerbe et la géométrie du système plan sont réciproques; il ne faut donc pas s'étonner que la géométrie réglée ait pour toutes deux le même langage et soit incapable d'établir entre elles une distinction; il faut, au contraire, y voir un signe de cette perfection de la géométrie réglée à laquelle j'ai déjà fait allusion.

Soient donc a, b, c trois droites qui se coupent : nous dirons de toutes les droites qui coupent a, b, c qu'elles forment un *hyperfaisceau*, car il répugne d'opter pour l'une ou l'autre des expressions de gerbe ou système plan qui se présentent avec des titres égaux; le nom d'*hyperfaisceau* n'a rien de choquant et convient bien à ces systèmes qui jouissent, comme on va le voir, d'une représentation analogue à celle des faisceaux. Soient a, b, c trois droites d'un *hyperfaisceau:* je dis que l'ensemble des droites du système est représenté par les formules

$$x_i = \lambda a_i + \mu b_i + \nu c_i, \tag{20}$$

où λ, μ, ν sont des paramètres arbitraires. La démonstration est analogue à celle dont on a fait usage pour le cas du faisceau; je ne la reprendrai donc pas ici avec détail. On constate d'abord que

$$\xi(\lambda a + \mu b + \nu c) = \xi(a)\lambda^2 + \xi(b)\mu^2 + \xi(c)\nu^2 + 2\xi(a, b)\lambda\mu + 2\xi(b, c)\mu\nu + 2\xi(a, c)\lambda\nu$$

est identiquement nul, ce qui prouve que les quantités x_i sont les coordonnées d'une droite. Ensuite on constate que cette droite x coupe a, b, c et, par suite, fait partie du système; enfin on prouvera que toute droite z du système est une droite (20), en montrant que deux droites d, e quelconques qui coupent z sont toujours coupées par une droite (20) unique en général.

9. Nous ferons de ces notions des applications incessantes, après avoir toutefois fait connaître quelques notions générales sur les systèmes réglés.

La droite dépend de quatre paramètres absolus; les droites de l'espace assujetties à *une* condition conservent *trois* paramètres, leur ensemble constitue un COMPLEXE. *Deux* conditions ne laissent plus que *deux* paramètres, la droite engendre alors une CONGRUENCE. *Trois* conditions réduisent à *un* les paramètres, la droite engendre alors une SÉRIE RÉGLÉE; cette série réglée ne forme pas toujours une surface, car les tangentes d'une courbe plane, par exemple, ne peuvent pas être à proprement parler regardées comme formant une surface réglée. Il y a, d'ailleurs, un autre inconvénient à parler de *surfaces* réglées : l'hyperboloïde en tant que surface sert, en effet, de support à *deux séries réglées,* et il y aurait pour nous un inconvénient réel à ne pas séparer ces deux séries, en les confondant dans le même nom de *surface* ou d'*hyperboloïde*. Enfin, quatre conditions déterminent une droite ou, pour mieux dire, un ENSEMBLE DE DROITES. Il y a un grand inconvénient à dire, comme on le fait souvent lorsqu'on parle d'un élément géométrique quelconque dépendant de n paramètres, que n conditions définissent *un* élément. Cette locution est vicieuse et revient à nier la théorie des formes binaires. En réalité les n conditions, ici quatre, définissent *un ensemble* de droites généralement fini, et ces ensembles jouissent de propriétés intéressantes dont on perdrait la notion si l'on se contentait de dire que quatre conditions définissent *une* droite. Pour donner un exemple des plus simples, tiré d'un autre ordre d'idées, on sait que deux cubiques planes définissent un *ensemble* de 9 points qui jouit de propriétés spéciales, et que deux courbes d'ordres m et n se coupent en mn points dont l'ensemble présente des propriétés générales aussi éloignées des propriétés d'un point unique que les propriétés d'une courbe d'ordre mn le seraient d'une simple ligne droite.

Pour ces motifs nous considérerons donc cinq sortes de systèmes réglés. D'abord l'*espace réglé,* ou l'ensemble de toutes les droites de l'espace, ensuite les *complexes,* ou systèmes à *triple* indétermination; les *congruences,* ou systèmes *doublement* indéterminés; les *séries réglées* d'indétermination *simple,* et enfin les *ensembles* de droites d'indétermination *nulle.*

10. La condition pour une droite de faire partie d'un faisceau plan équivaut à trois conditions, puisque les droites d'un tel faisceau constituent une série réglée; de même, la condition de faire partie d'un hyperfaisceau équivaut à deux conditions.

Considérons, dès lors, un complexe de droites; celles de ces droites qui font partie d'un faisceau plan constituent un ensemble d'indétermination nulle; le nombre des droites de cet ensemble est ce que l'on appelle le *degré* du complexe.

Au contraire, les droites d'un complexe qui font partie d'un hyperfaisceau forment une série réglée; si l'hyperfaisceau est une gerbe, on aura toutes les droites du complexe issues d'un point; leur ensemble forme évidemment un cône, nous appellerons ce cône le *cône du complexe;* tout point de l'espace est ainsi le sommet d'un cône du complexe. Si, au contraire, l'hyperfaisceau est un système plan, on aura toutes les droites du complexe situées dans un plan et elles y envelopperont une courbe, la courbe du complexe; tout plan contient donc sa courbe enveloppe du complexe; mais notons que cette courbe est définie par ses tangentes et pourra quelquefois dégénérer en un ou plusieurs points; nous en aurons bientôt des exemples.

Théorème. — *Le degré de tout cône du complexe et la classe de toute courbe plane enveloppe du complexe sont égaux et égaux au degré du complexe.*

Prenons un point O; pour avoir le degré du cône du complexe de sommet O, il faut couper ce cône par un plan Π mené par O et compter le nombre de droites d'intersection ; l'ensemble des génératrices ainsi obtenues n'est autre que l'ensemble des droites du complexe contenues dans le faisceau (O, Π); le nombre de ces droites est donc bien égal au degré du complexe.

Même raisonnement pour la courbe enveloppe relative à un plan Π. Pour avoir la classe de cette courbe, on comptera les tangentes qu'on peut lui mener d'un point O de Π; mais l'ensemble de ces tangentes n'est autre que l'ensemble des droites du complexe contenues dans le faisceau (O, Π); donc la classe de la courbe est bien égale au degré du complexe.

Je reviendrai plus tard sur ces questions générales ; pour le moment, le théorème ci-dessus me suffit.

11. Prenons maintenant une congruence. Passer par un point équivaut à deux conditions pour une droite; de même être dans un plan équivaut à deux conditions. Donc les droites d'une congruence qui sont issues d'un point forment un ensemble d'indétermination nulle. Le nombre des droites de cet ensemble est le *degré* de la congruence. De même, les droites d'une congruence qui sont dans un plan forment un ensemble dont le nombre est appelé la *classe* de la congruence.

12. Une série réglée étant donnée, on appelle *degré* de la série le nombre des droites de la série qui coupent une droite arbitraire. Si les droites forment une surface réglée, ce degré est justement celui de la surface; si elles enveloppent une courbe plane, ce degré est justement la classe de cette courbe.

Enfin, on peut appeler *degré* d'un ensemble fini de droites le nombre des droites qui le composent.

Je vais débuter en étudiant les complexes du premier degré, ainsi que leurs systèmes communs.

CHAPITRE II.

LES COMPLEXES LINÉAIRES DE DROITES.

Pôle et plan polaire. — Faisceaux du complexe. — Droites conjuguées. — Distribution des pôles et des plans polaires sur une droite du complexe. — Corrélation normale d'un complexe. — Propriétés des droites conjuguées. — Polaires réciproques par rapport à un complexe linéaire. — Représentation analytique. — Complexes spéciaux. — Invariant de M. Klein. — Droites conjuguées.

13. Un complexe est dit *linéaire* lorsqu'il est du premier degré, c'est-à-dire lorsque, parmi les droites d'un faisceau arbitraire, il n'y en a qu'une qui fasse partie du complexe. Le cône du complexe se réduit à un plan, et la courbe enveloppe dans un plan se réduit à un point (lieu de classe 1). De là ce double théorème :

Les droites d'un complexe linéaires issues d'un point P *engendrent un plan,* qu'on appellera le PLAN POLAIRE du point.

Les droites d'un complexe linéaire tracées dans un plan passent par un point fixe de ce plan, le *foyer* ou PÔLE de ce plan.

Il existe donc dans l'espace une infinité de faisceaux dont toutes les droites font partie du complexe; ce sont les faisceaux définis par un point et son plan polaire, ou, ce qui revient au même, par un plan et son pôle. Nous appellerons ces faisceaux les *faisceaux du complexe linéaire* ([1]).

14. On peut faire découler les propriétés du complexe linéaire d'une proposition unique, dont la démonstration est des plus aisées.

Considérons l'ensemble d'un plan Π *et d'un point* O *situé dans ce plan, le pôle* O′ *du plan* Π *est dans le plan polaire* Π′ *du point* O.

Autrement dit, si un point O et un plan Π sont UNIS (*voir* n° 3), leurs correspondants polaires dans le complexe sont un plan Π′ et un point O′ UNIS. En effet, la droite OO′ fait partie du complexe, puisqu'elle passe au point O′ et qu'elle est dans le plan polaire Π de ce point; mais alors elle doit être contenue dans le

([1]) On peut comparer avec ce que nous appelons plus loin, dans le cas général d'un complexe quelconque, *les faisceaux du complexe*.

plan Π', qui est le polaire du point O de cette droite. Le plan Π' contient donc le point O'. C. Q. F. D.

Soient une droite d ne faisant pas partie du complexe; O un point de cette droite; Π un plan mené par cette droite. D'après le théorème précédent, le pôle de Π est dans la polaire de O; mais, comme O est un point quelconque de la droite d, Π un plan quelconque mené par cette droite, on peut conclure que *les pôles de tous les plans menés par une droite sont situés dans les plans polaires de tous les points de cette droite.*

Il en résulte immédiatement :

1° Que *les polaires de tous les points d'une droite d sont des plans qui se coupent suivant une même droite d'*;

2° Que *cette droite d' est le lieu des pôles des plans menés par la droite d.*

Le pôle d'un plan mené par d est donc le point où il perce d', et le pôle d'un plan mené par d' est le point où il perce d. Les droites d et d' sont ainsi dans une situation réciproque l'une vis-à-vis de l'autre; on les appelle *droites conjuguées.*

Les remarques suivantes sont d'un usage fréquent :

Toute droite x, qui coupe deux droites conjuguées d, d', fait partie du complexe.

Considérons le plan $\Pi(d, x)$ mené par d et par x, le pôle de ce point est à sa rencontre avec d', c'est-à-dire précisément au point $P(d', x)$ de rencontre de x et de d'. La droite x du plan $\Pi(d, x)$ se trouve donc passer au pôle $P(d', x)$ de ce plan; il est ainsi acquis qu'elle fait partie du complexe.

Toute droite du complexe, qui coupe une droite d, coupe aussi sa conjuguée d'.

Considérons, en effet, le plan $\Pi(d, x)$, que l'on peut mener, par hypothèse, par d et par x; la droite x de ce plan, faisant partie du complexe, doit passer au pôle de ce plan. Or ce pôle est la trace du plan sur la droite d'; la droite x coupera donc d' en ce point.

Deux couples de droites conjuguées forment quatre droites portées par une même quadrique.

Soient, en effet, a, a' et b, b' les deux couples de droites conjuguées, et considérons la quadrique engendrée par une droite x s'appuyant sur a, a', b. Les génératrices x de cette quadrique font partie du complexe, puisqu'elles coupent a et a', et, comme elles coupent b, il faut alors qu'elles coupent aussi b'. Donc a, a', b, b' sont quatre génératrices du second système.

Généralement, supposons que les génératrices x d'un système d'une quadrique fassent partie d'un complexe linéaire; considérons une génératrice y du second système, et soit y' sa conjuguée; cette conjuguée est nécessairement une autre génératrice du même système que y. En effet, toutes les génératrices x coupent y, et, comme elles font partie du complexe, il faut qu'elles coupent y'. Nous parvenons ainsi à ce résultat que, si une quadrique est engendrée par des droites x faisant partie d'un complexe linéaire, les génératrices du second système se trouvent associées deux à deux en couples de droites conjuguées. Nous donnerons à ces quadriques le nom de *quadriques du complexe.*

Faisons, en terminant ce numéro, les remarques suivantes :

Nous avons supposé, au début, que la droite d ne faisait pas partie du complexe. Si elle appartient au complexe, elle est à elle-même sa propre conjuguée, car elle est le lieu des pôles de ses plans et l'enveloppe des plans polaires de ses points.

Si une droite d ne fait pas partie du complexe, il est impossible qu'elle coupe sa conjuguée d'; car, si P était le point de rencontre, tout plan mené par d aurait son pôle au point P, et la droite d, passant par P et tracée dans ce plan, ferait partie du complexe.

15. Considérons quatre plans Π_1, Π_2, Π_3, Π_4 menés par une droite ne faisant pas partie du complexe, et soient P_1, P_2, P_3, P_4 les pôles de ces plans. On obtient ces pôles en coupant le faisceau des quatre plans par la droite d', conjuguée de d. Le *rapport anharmonique des quatre pôles est* donc *égal à celui des quatre plans.*

Il est intéressant de démontrer que cette proposition s'étend encore au cas de plans passant par une droite appartenant au complexe.

Soient, en effet, d une droite du complexe et a, a' deux droites conjuguées ne coupant pas d. Considérons la quadrique engendrée par une droite x s'appuyant sur a, a' et d. Cette quadrique sera une quadrique du complexe, puisque x coupe les droites conjuguées a et a'. Menons un plan Π par la droite d; ce plan coupe la quadrique, outre d, suivant une génératrice x qui vient couper d au point de contact P du plan Π avec la quadrique. Mais il passe en P deux droites du complexe contenues dans le plan Π, savoir d et x. Donc P est le pôle du point Π. De là cette conséquence : le pôle d'un plan mené par d est justement le point de d où ce plan est tangent à la quadrique.

Mais on connaît le beau théorème de Chasles sur la distribution du plan tangent le long d'une génératrice rectiligne d'une quadrique. Le rapport anharmonique de quatre plans menés par cette génératrice est égal à celui des quatre points de contact de ces plans avec la surface.

Il résulte donc de ce théorème, joint à la remarque précédente, que *si, par une droite d d'un complexe, on mène quatre plans, le rapport anharmonique des pôles de ces plans est égal à celui des plans eux-mêmes.* D'après ce théorème, tout complexe linéaire définit sur chacune de ses droites une correspondance homographique entre les points et les plans de cette droite (¹). Une telle correspondance se retrouve fréquemment dans les figures réglées, et j'ai cru utile de lui attribuer un nom spécial, celui de *corrélation anharmonique* ou simplement de *corrélation.*

Nous pouvons donc dire que tout complexe linéaire définit une corrélation sur chacune de ces droites, à savoir celle qui relie un point de la droite à son plan polaire; et, pour distinguer cette corrélation de toutes les autres que l'on pourrait imaginer sur cette droite, je lui donnerai le nom de *corrélation normale du complexe* (²).

16. Dans les numéros précédents, nous avons vu qu'un complexe linéaire fournit un moyen de transformation dans lequel un point a pour transformé un plan, un plan un point, et une droite une autre droite. Nous allons étendre cette remarque et obtenir ainsi un résultat qui offre de l'importance à plusieurs points de vue.

Rappelons tout d'abord ce théorème, démontré au nº **14** :

I. *Si un point* O *et un plan* Π *sont unis, leurs éléments correspondants sont un plan* Π′ *et un point* O′, *unis eux aussi.*

Voici d'autres théorèmes où figurent les droites :

II. *Si une droite d passe par un point* O, *sa conjuguée d' est tracée dans le plan* Π′ *polaire de* O, *et réciproquement.*

Ce théorème est une conséquence immédiate de la définition des droites conjuguées.

III. *Si deux droites a et b se coupent, leurs conjuguées a', b' se coupent aussi.*

En effet, puisque a et b passent par un même point O, leurs conjuguées a', b', en vertu du théorème précédent, sont dans un même plan Π, polaire de O.

Il résulte immédiatement de là qu'aux droites d'un faisceau correspondent les droites d'un faisceau; à tous les plans et droites menés par un point O correspondent tous les points et droites tracés dans le plan Π′, polaire de O.

Nous avons déjà dit que l'on donne le nom de *gerbe* à l'ensemble des plans et

---

(¹) J'appellerai dorénavant *plan d'une droite* tout plan mené par cette droite.

(²) On verra plus loin une extension de cette notion au cas d'un complexe quelconque.

des droites issus d'un point, et de système plan à l'ensemble des points et des droites d'un plan. On peut donc dire qu'une gerbe a pour figure correspondante un système plan, et inversement.

Considérons généralement une figure $\mathfrak{F}$ composée de points, de droites et de plans, en prenant les éléments correspondants de tous ceux de la figure $\mathfrak{F}$, on engendrera une figure $\mathfrak{F}'$, que nous dirons être la réciproque de $\mathfrak{F}$. Aux points en ligne droite de $\mathfrak{F}$ correspondront des plans de $\mathfrak{F}'$ passant par une droite, et inversement; aux droites issues d'un point les droites d'un plan, et inversement; aux plans menés par un point les points d'un plan, et inversement, etc.

A un polyèdre $\mathfrak{P}$ correspondra un polyèdre $\mathfrak{P}'$ dans lequel : 1° les arêtes seront conjuguées des arêtes de $\mathfrak{P}$; 2° les sommets seront les pôles des plans des faces de $\mathfrak{P}$; 3° les plans des faces seront les polaires des sommets de $\mathfrak{P}$.

A une surface S non développable de la figure $\mathfrak{F}$ considérée comme lieu d'un point O répondra dans $\mathfrak{F}'$ une surface S' définie comme enveloppe du plan Π', polaire de O, et le point de contact O' de Π' avec la surface S' sera le pôle du plan Π tangent en O à la surface S, en sorte que la surface S' est aussi le lieu des pôles des plans tangents de S. On pourra encore remarquer que le faisceau des tangentes à la surface S au point O a pour réciproque le faisceau des tangentes en O' à la surface S'. On peut donc définir encore la surface S' comme l'enveloppe des droites conjuguées des tangentes de la surface S.

Soit encore une courbe C, que nous pourrons définir soit comme lieu d'un point O, soit comme enveloppe de la tangente d en ce point, soit comme enveloppe du plan Π osculateur en O. Le lieu du pôle O' du plan Π est une courbe C' : considérons trois plans osculateurs à la courbe C, Π, Π_1, Π_2 infiniment voisins, et soient O', O'_1, O'_2 leurs pôles, qui sont trois points de C', le plan de ces trois points est le plan osculateur en O' à la courbe C', et il a pour pôle le point d'intersection des trois plans Π, Π_1, Π_2, c'est-à-dire le point O.

On pourrait donc encore définir la courbe C' comme l'enveloppe des plans polaires des points de la courbe C.

Enfin, prenons deux points voisins O, O_1 sur la courbe C, la droite d, ou OO_1, a pour polaire l'intersection d' des plans Π', Π'_1, polaires des points O et O_1, et qui sont deux plans osculateurs voisins de la courbe C'. La droite d' est donc tangente à la courbe C'. De là ce théorème qui implique une troisième définition de la courbe C' :

Les polaires d' des tangentes d d'une courbe gauche C *enveloppent une courbe gauche* C'.

C'est ici le cas de rappeler les distinctions faites à la fin du n° 1; il est clair que, si l'on considère les systèmes E_P, E_Π, E_d de la courbe, ils se transformeront dans les systèmes E'_{Π}, E'_{P}, E'_{d} de la courbe réciproque. J'appellerai dorénavant *développable* l'ensemble E_d des tangentes d'une courbe qui pourra être gauche ou plane, ou même se réduire à un point, comme dans le cas du cône.

Pour résumer la matière de ce paragraphe, nous dirons qu'un complexe linéaire permet de réaliser *une transformation dualistique de l'espace.*

Ce procédé n'a pas échappé à Chasles dans son beau Mémoire *Sur la dualité et l'homographie,* qui termine son *Aperçu historique.* La forme mécanique sous laquelle l'illustre géomètre présente cette transformation est de la plus haute importance, et, à ce titre, nous aurons à y revenir plus loin avec détail. Nous verrons aussi dans les applications comment cette même transformation a trouvé un emploi très fécond dans la Statique graphique, grâce aux recherches ingénieuses de Maxwell.

17. Avant d'aller plus loin, il convient d'exprimer analytiquement les résultats que nous venons d'obtenir.

Soient $\omega(x)$ la forme quadratique fondamentale et

$$f(x_1, x_2, \ldots, x_6) = f(x) = 0 \tag{1}$$

l'équation algébrique homogène en $x_1, x_2, \ldots, x_6$, qui, jointe à

$$\omega(x) = 0, \tag{2}$$

représente le complexe linéaire considéré.

Je vais prouver que $f(x)$ est linéaire en $x_1, x_2, \ldots, x_6$. En effet, soient a, b deux droites qui se coupent. On a vu au n° 7 que les x_i de toute droite du faisceau (a, b) sont de la forme $a_i\lambda + b_i\mu$, où $\lambda : \mu$ est arbitraire. En exprimant que la droite x de ce faisceau fait partie du complexe, on a

$$f(a_1\lambda + b_1\mu, \ldots, a_6\lambda + b_6\mu) = 0.$$

Cette équation doit être du premier degré en $\lambda : \mu$, car une seule droite du complexe fait partie d'un faisceau donné; on doit avoir, par conséquent,

$$f(x) = A_1x_1 + A_2x_2 + \ldots + A_6x_6.$$

Réciproquement, toute équation linéaire en x représente évidemment un complexe *linéaire.*

18. La condition pour qu'une droite x coupe une droite z s'exprime par l'équation linéaire

$$0 = 2\omega(z, x) = \frac{\partial\omega}{\partial z_1}x_1 + \frac{\partial\omega}{\partial z_2}x_2 + \ldots + \frac{\partial\omega}{\partial z_6}x_6.$$

L'ensemble des droites qui coupent une droite fixe z forme donc un complexe linéaire. Mais on s'aperçoit aisément que ce n'est pas là le complexe linéaire le plus général. Identifions, en effet, une fonction linéaire quelconque des x avec $\omega(z, x)$; nous aurons

$$(3) \qquad \frac{\frac{\partial \omega}{\partial z_1}}{A_1} = \frac{\frac{\partial \omega}{\partial z_2}}{A_2} = \frac{\frac{\partial \omega}{\partial z_3}}{A_3} = \ldots = \frac{\frac{\partial \omega}{\partial z_6}}{A_6}.$$

On tirera de ces équations linéaires en $z_1, z_2, \ldots, z_6$ les valeurs de ces quantités, ou plutôt de leurs rapports, et, en portant ces valeurs dans $\omega(z)$, cette forme deviendra une forme homogène quadratique en $A_1, A_2, \ldots, A_6$,

$$(4) \qquad \omega(z) = \Omega(A);$$

cette forme $\Omega(A)$ est la *forme adjointe* de la forme $\omega(z)$.

Si donc les z_i sont les coordonnées d'une droite z, il faut que $\Omega(A)$ soit nul.

Si $\Omega(A)$ est nul, les valeurs des z_i tirées des équations (3) sont, d'après (4), les coordonnées d'une droite, et cette droite, d'après les équations (3), est coupée par toutes les droites du complexe linéaire

$$\Sigma A_i x_i = 0.$$

On donne le nom de *complexe spécial* à un pareil complexe, et la droite z en est appelée la *directrice* ou encore l'*axe*. Mais, le mot *axe* ayant été employé avec tant d'acceptions dans cette même théorie des droites, le mot *directrice* paraît préférable.

Lorsque l'expression $\Omega(A)$ n'est pas nulle, le complexe linéaire ne possède pas de directrice; mais la considération de la forme $\Omega(A)$ n'en demeure pas moins intéressante. M. Klein l'appelle l'*invariant du complexe*. Ce nom d'invariant se justifie par la remarque suivante :

Si l'on effectue sur les variables x_i une transformation linéaire, les coefficients A_i d'une forme linéaire de x_i se trouvent transformés, comme on sait, par la transformation réciproque, et la forme $\Omega(A)$ est ce que l'on appelle un *contrevariant* de la forme $\omega(z)$; ce qui signifie que $\Omega(A)$ se reproduit, multipliée par une puissance (la seconde) du déterminant de la substitution directe.

Si, par exemple, on a ramené la forme $\omega(x)$ au type de Plücker,

$$\omega(x) = 2(x_1 x_4 + x_2 x_5 + x_3 x_6),$$

la forme $\Omega(A)$ sera la suivante :

$$\Omega(A) = 2(A_1 A_4 + A_2 A_5 + A_3 A_6).$$

Si, au contraire, on a ramené, comme nous verrons que l'a fait M. Klein, la forme $\omega(x)$ à une somme de carrés, savoir

$$\omega(x) = K_1 x_1^2 + K_2 x_2^2 + \ldots + K_6 x_6^2,$$

on aura

$$\Omega(A) = \frac{A_1^2}{K_1} + \frac{A_2^2}{K_2} + \ldots + \frac{A_6^2}{K_6}.$$

On ne s'est pas préoccupé, dans le commencement du Chapitre, du cas du complexe spécial. Il est clair que, dans ce cas, les droites de l'espace ont toutes une même conjuguée, savoir la directrice, et que toutes les propriétés relatives à la transformation par polaires réciproques se trouvent en défaut.

19. Supposons donc qu'il s'agisse d'un complexe non spécial et soit z une droite quelconque; cherchons sa conjuguée u. J'observe, à cet effet, que des trois équations

$$\Sigma A_i x_i = 0,$$
$$\omega(z, x) = 0,$$
$$\omega(u, x) = 0,$$

une doit être la conséquence des deux autres : car toute droite du complexe qui coupe une droite coupe sa conjuguée et toute droite qui coupe deux droites conjuguées fait partie du complexe.

Pour parvenir aisément au résultat, j'observe que l'on a identiquement

$$\sum A_i x_i = \sum \frac{\partial \Omega}{\partial A_i} \frac{\partial \omega}{\partial x_i} \quad (^1),$$

et les trois équations que nous avons à considérer peuvent s'écrire

$$\sum \frac{\partial \Omega}{\partial A_i} \frac{\partial \omega}{\partial x_i} = 0, \qquad \sum z_i \frac{\partial \omega}{\partial x_i} = 0, \qquad \sum u_i \frac{\partial \omega}{\partial x_i} = 0;$$

---

(1) En effet, si l'on pose

$$Z_i = \frac{\partial \omega}{\partial z_i},$$

on trouve, par définition de la forme adjointe,

$$\omega(z) = \Omega(Z);$$

il en résulte

$$d\omega = d\Omega = \sum \frac{\partial \Omega}{\partial Z_i} dZ_i.$$

Mais on a aussi

$$d\omega = \sum \frac{\partial \omega}{\partial z_i} dz_i = \sum Z_i \, dz_i,$$

et, comme ω est homogène,

$$2\omega = \sum \frac{\partial \omega}{\partial z_i} z_i = \sum Z_i z_i;$$

d'où

$$2\, d\omega = \Sigma Z_i \, dz_i + \Sigma z_i \, dZ_i,$$

d'après la remarque déjà faite qu'elles doivent se réduire à deux, on doit pouvoir trouver deux quantités λ, μ, telles que

$$\frac{\partial\Omega}{\partial A_i} = \lambda z_i + \mu u. \tag{5}$$

Exprimons que u_1, u_2, ... sont les coordonnées d'une droite, on trouvera

$$\omega\left(\frac{\partial\Omega}{\partial A} - \lambda z\right) = 0$$

ou

$$\omega\left(\frac{\partial\Omega}{\partial A}\right) - 2\lambda\omega\left(\frac{\partial\Omega}{\partial A}, z\right) = 0,$$

en se souvenant que $\omega(z) = 0$. On a d'ailleurs

$$\omega\left(\frac{\partial\Omega}{\partial A}\right) = \Omega(A), \qquad 2\omega\left(\frac{\partial\Omega}{\partial A}, z\right) = \sum \frac{\partial\omega\left(\frac{\partial\Omega}{\partial A}\right)}{\partial\left(\frac{\partial\Omega}{\partial A_i}\right)} z_i = \sum A_i z_i,$$

il vient donc

$$\Omega(A) - \lambda \Sigma A_i z_i = 0. \tag{6}$$

Cette équation (6) fait connaître λ, et les équations (5) fourniront les coordonnées de la droite u conjuguée de z.

Ce calcul suppose que $\Sigma A_i z_i$ n'est pas nul, c'est-à-dire que z ne fait pas partie du complexe.

La forme symétrique des équations (5) met bien en évidence la réciprocité des droites z et u.

Il serait facile, en partant des formules (5), de trouver une démonstration algébrique des diverses propriétés des droites conjuguées déjà établies géométriquement; nous laissons ce soin au lecteur.

(*A suivre.*)

---

d'où enfin, par soustraction,

$$d\omega = \Sigma z_i dZ_i.$$

En identifiant avec $d\omega = \sum \frac{\partial\Omega}{dZ_i} Zd_i$, on a donc

$$z_i = \frac{\partial\Omega(Z)}{\partial Z_i} = \frac{\partial\Omega\left(\frac{\partial\omega}{\partial z}\right)}{\partial\frac{\partial\omega}{\partial Z_i}},$$

et par suite nous avons bien

$$\sum A x_i = \sum A_i \frac{\partial\Omega\left(\frac{\partial\omega}{\partial x}\right)}{\partial\frac{\partial\omega}{\partial x_i}} = \sum \frac{\partial\Omega(A)}{\partial A_i}\frac{\partial\omega}{\partial x_i}.$$

CHAPITRE III.

LES SYSTÈMES DE COMPLEXES LINÉAIRES.

Correspondance entre les points et les plans d'une droite. Couples inverses. — Corrélations homographiques sur une droite. — Rapport anharmonique et angle de deux corrélations. — Involution de deux corrélations. — Corrélations singulières. — Couple de droites conjuguées commun à deux complexes linéaires. — Système à deux termes. — Congruence linéaire. — Congruence linéaire singulière. — Cas de décomposition. — Invariant d'une congruence. — Rapport anharmonique de deux complexes linéaires. — Complexes linéaires en involution. — Systèmes linéaires de complexes linéaires. — Systèmes complémentaires. — Systèmes à trois termes. — Droites communes à trois complexes. — Demi-quadriques. — Demi-quadriques complémentaires. — Cas de dégénérescence. — Système à quatre termes. — Droites communes à quatre complexes. — Invariants des systèmes de complexes linéaires. — Forme générale de ces invariants.

20. Je ferai précéder l'étude des systèmes linéaires de complexes du premier degré de quelques remarques générales concernant les correspondances qui peuvent exister entre les points d'une droite x et les plans menés par cette droite.

Soit u un paramètre fixant la position d'un point M sur la droite x, de telle sorte qu'à un point M réponde une seule valeur de u et inversement; soit, de même, t un paramètre correspondant uniformément aux positions d'un plan π mené par x. Par exemple, u est la distance de M à un point fixe de x, t est la tangente de l'angle du plan π avec un plan fixe mené par x.

Une relation entre u et t

$$f(u, t) = 0$$

fait se correspondre, suivant une certaine loi, les points de x et les plans de x. Si f est du degré m en u et du degré μ en t, on peut dire que cette correspondance est de la classe μ et du degré m. Si $m = \mu = 1$, on retrouve les *corrélations* homographiques introduites au n° 15.

Deux correspondances de degrés m et m' et de classes μ et μ' ont, *en général,*

$$\mu m' + \mu' m$$

couples communs, en appelant couple d'une correspondance le système d'un point M et du plan π correspondant.

Par exemple, deux corrélations homographiques ont en commun, en général, deux couples.

C'est ainsi que, s'il s'agit des deux corrélations de Chasles, relatives à une droite commune à deux surfaces réglées, les deux couples sont les deux couples de raccordement des deux surfaces.

21. Considérons sur une droite deux couples (M, π), (M', π'), nous appellerons *couples inverses* des deux premiers ceux que l'on obtient en échangeant les points; ainsi les couples inverses seront

$$(M, \pi'), \quad (M', \pi).$$

22. Considérons sur une droite x deux corrélations homographiques H, H', soient (F, Φ), (F', Φ') leurs couples communs. Si un plan π tourne autour de x, les homologues O et O' de π dans ces deux corrélations se correspondent homographiquement et F, F' sont les points doubles de cette homographie. Le rapport anharmonique

$$(O', O, F, F') = k$$

est constant, d'après une propriété bien connue des homographies.

De même, si un point O se meut sur la droite, ses plans correspondants π et π' décrivent deux faisceaux homographiques dont Φ, Φ' sont les plans doubles; ici encore, le rapport anharmonique

$$(\pi, \pi', \Phi, \Phi') = k_1$$

est constant.

J'ajoute que $k_1 = k$.

En effet, soit π homologue de O dans H, et π' homologue de O dans H', nous aurons

$$(\pi, \pi', \Phi, \Phi') = k_1.$$

Soit O' homologue de π' dans H ; le plan π' ayant pour homologue dans H le point O' et dans H' le point O, on a

$$(O, O', F, F') = k.$$

Or, dans les correspondances homographiques, le rapport anharmonique de quatre éléments égale celui des quatre correspondants. Donc, puisque à O, O', F, F' correspondent π, π', Φ, Φ' dans H, on a bien

$$k_1 = k.$$

Ce rapport k pourra être appelé le *rapport anharmonique* des deux corrélations.

Depuis que Laguerre a appris à définir les angles par un rapport anharmonique, on rattache souvent un angle à un rapport anharmonique, en posant

$$V = \frac{1}{2\sqrt{-1}} \log k.$$

Dans le cas de deux plans, par exemple, si k désigne le rapport anharmonique qu'ils forment avec les deux plans isotropes menés par leur droite commune, V se trouve être, d'après Laguerre, précisément l'angle des deux plans.

Pour indiquer une application immédiate de cette notion de l'angle de deux corrélations, supposons qu'il s'agisse des deux corrélations de Chasles de deux surfaces réglées suivant la droite commune x; supposons de plus que, par une transformation homographique, on ait ramené les plans Φ et Φ' des couples de raccordement à être deux plans isotropes. Alors V sera l'angle de deux plans tangents en un même point O aux deux surfaces, et cet angle étant constant, on voit que les surfaces transformées *se couperont sous un angle constant tout du long de leur droite commune.*

23. Un cas particulièrement important de l'angle de deux corrélations homographiques, c'est celui où cet angle est droit, ou, ce qui revient au même, le cas où l'on a

$$k = -1.$$

Nous dirons alors que les deux corrélations sont EN INVOLUTION.

On voit que, dans ce cas, les couples de points O, O′ qui correspondent à un même plan π se correspondent involutivement; de même pour les plans qui correspondent à un même point.

Ici intervient la notion de couples inverses dont j'ai déjà parlé.

Soit (M, π) un couple d'une corrélation homographique H; soit H′ une corrélation homographique en involution avec la première, et (M, π') un couple de H′, dans lequel le point M est commun avec le premier couple. Soit M′ l'homologue de π' dans la corrélation H, en sorte que (M, π), (M', π') seront deux couples de H. Il est clair que (M, π') étant un couple de H′, (M', π) devra en être un autre. En effet, M et M′ correspondent à un même plan π' dans H et H′ respectivement : donc, à cause de la symétrie caractéristique de l'involution, les points M′ et M doivent être homologues d'un même plan dans H et H′ respectivement, et puisque π' est homologue de M′ dans H, il doit l'être de M dans H′. Ainsi les couples (M', π), (M', π'), inverses des couples (M, π), (M', π'), appartiennent à H′.

La démonstration elle-même prouve que réciproquement : Si une corrélation H′ admet les deux couples inverses de deux couples appartenant à une corrélation H, les corrélations homographiques H et H′ sont en involution.

24. Il pourra nous être utile de mettre, sous une forme analytique, les résultats précédents.

L'équation relative à une corrélation homographique aura la forme

$$aut + bu + ct + e = 0.$$

Cette équation dépend de trois paramètres, $a : b : c : e$.

Dans un travail qui date de 1882, j'ai indiqué un mode de représentation des corrélations homographiques au moyen d'un plan dans l'espace, en considérant a, b, c, e comme les coefficients de l'équation d'un tel plan. Je ne rapporterai pas cette représentation qui n'a rien d'essentiel dans cette exposition (¹).

Observons que, si

$$a'ut + b'u + c't + e' = 0$$

est l'équation d'une autre corrélation homographique H′, l'homographie qui relie deux plans homologues d'un même point s'écrit

$$(ac' - ca')tt' + (ae' - b'c)t + (bc' - a'e)t' + (be' - b'e) = 0.$$

La condition d'involution est donc

$$ae' - b'c - bc' + a'e = 0.$$

Si l'on pose, pour un instant,

$$\theta(a, b, c, e) = bc - ae,$$

cette condition s'écrit

$$\frac{\partial\theta}{\partial a}a' + \frac{\partial\theta}{\partial b}b' + \frac{\partial\theta}{\partial c}c' + \frac{\partial\theta}{\partial e}e' = 0.$$

Elle exprime que les éléments (a, b, c, e), (a', b', c', e') sont conjugués par rapport à la forme quadratique $\theta(a, b, c, e)$.

(¹) Presque en même temps, M. Stephanos publiait, dans les *Mathematische Annalen*, une représentation des homographies binaires qui offre plusieurs traits communs avec celle à laquelle je fais ici allusion.

Les corrélations pour lesquelles on a

$$bc - ae = 0$$

seront dites *singulières*.

Les corrélations singulières offrent une particularité fort remarquable. Leur équation s'écrit

$$(at + b)(au + c) = 0;$$

ou encore

$$(t - t_0)(u - u_0) = 0,$$

en posant

$$t_0 = -\frac{b}{a}, \qquad u_0 = -\frac{c}{a}.$$

Dans une corrélation singulière, un même point O correspond à tous les plans et un même plan π à tous les points. Une telle corrélation est donc caractérisée et définie par un couple (O, π), et les couples de la corrélation se divisent en deux classes : les uns s'obtiennent en associant au point O un plan quelconque de la droite, les autres, en associant au plan π un point quelconque de la même droite. Le couple (O, π) fait partie de ces deux classes à la fois : nous l'appelons le *couple singulier* de la corrélation singulière.

25. Que peut bien signifier la condition analytique d'involution lorsque l'une des deux corrélations homographiques est singulière?

On a

$$ae' - b'c - bc' + a'e = 0,$$

et si la corrélation H' est singulière, on peut faire

$$a' = 1, \qquad b' = -t_0, \qquad c' = -u_0, \qquad e' = u_0 t_0,$$

où u_0, t_0 sont les paramètres du couple singulier. La condition d'involution devient

$$au_0 t_0 + bu_0 + ct_0 + e = 0;$$

elle exprime que le couple singulier appartient à H.

Ainsi, nous continuerons à dire qu'une corrélation homographique H est en involution avec une autre H', H' étant singulière, lorsque le couple singulier de H' appartiendra à H.

Pareillement, deux corrélations singulières seront dites *en involution* si leurs couples singuliers ont en commun soit le point, soit le plan.

Considérons toutes les corrélations homographiques qui admettent deux couples donnés (u_0, t_0), (u_1, t_1); leur équation peut recevoir la forme

$$\frac{u-u_0}{u-u_1} = \lambda \frac{t-t_0}{t-t_1}$$

où λ est quelconque. Il vient, en développant,

$$(1-\lambda)ut - (u_1 - \lambda u_0)t - (t_0 - \lambda t_1)u + t_0 u_1 - \lambda t_1 u_0 = 0.$$

La condition d'involution avec une autre corrélation (a', b', c', e') s'écrira donc

$$e'(1-\lambda) - c'(\lambda t_1 - t_0) - b'(\lambda u_0 - u_1) + a'(t_0 u_1 - \lambda t_1 u_0) = 0,$$

ou encore

$$(e' + c' t_0 + b' u_1 + a' u_1 t_0) - \lambda(e' + c' t_1 + b' u_0 + a' u_0 t_1) = 0.$$

Considérons alors deux corrélations admettant en commun les couples (u_0, t_0), (u_1, t_1); ces corrélations correspondront à deux valeurs $\lambda = \alpha$, $\lambda = \beta$ de λ, et la condition d'involution de la corrélation (a', b', c', e') avec chacune d'elles donnera

$$(e' + c' t_0 + b' u_1 + a' u_1 t_0) - \alpha(e' + c' t_1 + b' u_0 + a' u_0 t_1) = 0,$$
$$(e' + c' t_0 + b' u_1 + a' u_1 t_0) - \beta(e' + c' t_1 + b' u_0 + a' u_0 t_1) = 0;$$

c'est-à-dire

$$e' + c' t_0 + b' u_1 + a' u_1 t_0 = 0,$$
$$e' + c' t_1 + b' u_0 + a' u_0 t_1 = 0.$$

Ces équations expriment que les couples inverses (u_1, t_0), (u_0, t_1) appartiennent à la corrélation (a', b', c', e'). On a donc ce théorème :

Si deux corrélations H, H_1 *ont en commun deux couples, toute corrélation* H' *en involution avec* H *et* H_1 *contient les couples inverses des deux premiers et, réciproquement, toute corrélation qui contient ces couples inverses est évidemment en involution avec* H *et* H_1 (n° 23).

Ce théorème définit, on le voit, les corrélations qui sont en involution avec deux corrélations données, puisque ces deux corrélations ont généralement en commun deux couples.

26. Un fait domine la théorie des systèmes de complexes linéaires; c'est le suivant :

Deux complexes linéaires ont généralement en commun un couple de droites conjuguées.

On peut donner de ce théorème une démonstration géométrique.

Soient A et B les deux complexes, Δ une droite n'appartenant à aucun d'eux et Δ', Δ'' les conjuguées de Δ dans les deux complexes. Excluons d'abord le cas où Δ', Δ'' seraient dans un même plan. Alors Δ, Δ', Δ'' définissent une quadrique Q, lieu des droites X qui coupent Δ, Δ', Δ''. Les droites X appartiennent aux deux complexes, puisqu'elles coupent les couples de droites conjuguées (Δ, Δ'), (Δ, Δ'') (n° **14**). Considérons une génératrice Y de Q du même système que Δ, Δ', Δ''. Nous savons (n° **14**) que les conjuguées Y', Y'' de Y dans les deux complexes A et B sont aussi des génératrices de Q du même système que Δ, Δ', Δ''. De plus, le principe de correspondance nous prouve que Y', Y'' se correspondent homographiquement, car Y' et Y'' se correspondent univoquement. D'après cela, cherchons les droites Y tracées sur Q du système Δ, Δ', Δ'', qui ont mêmes conjuguées dans les deux complexes.

Il faudra exprimer que Y', Y'' coïncident; il y a généralement deux positions Y'_1, Y'_2 de coïncidence. Prenons Y'_1, soit Y_1 sa conjuguée dans A. Par hypothèse, Y'_1 est aussi la conjuguée de Y_1 dans B. Donc Y_1, aussi bien que Y'_1, a même conjuguée dans les deux complexes, et, puisqu'il n'y a dans le système de génératrices Δ, Δ', Δ'' que Y'_1, Y'_2 qui jouissent de cette propriété, il faut que Y_1 coïncide avec la seconde droite Y'_2. Les droites Y'_1, Y'_2 sont donc conjuguées l'une de l'autre dans les deux complexes.

Je ne discuterai pas cette démonstration géométrique. La démonstration analytique que je vais donner conduit à une discussion beaucoup plus sûre et nous fournira des formules utiles.

Prenons les deux complexes linéaires

$$A = \Sigma a_i x_i = 0,$$
$$B = \Sigma b_i x_i = 0;$$

les six équations

$$\frac{\partial \Omega(a)}{\partial a_i} = \rho z_i + \rho' z'_i \qquad (1)$$

expriment, nous le savons d'après le dernier numéro du Chapitre précédent, que les droites z, z' sont conjuguées dans le complexe A. Désignons par $c_1, \ldots, c_6$, $c'_1, \ldots, c'_6$ les coefficients des deux complexes spéciaux dont z, z' sont les axes;

on a, nous l'avons vu,

$$z_i = \frac{\partial \Omega(c)}{\partial c_i}, \qquad z'_i = \frac{\partial \Omega(c')}{\partial c'_i},$$

et l'équation (1) peut s'écrire

$$\frac{\partial \Omega(a)}{\partial a_i} = \rho \frac{\partial \Omega(c)}{\partial c_i} + \rho' \frac{\partial \Omega(c')}{\partial c'_i}$$

ou encore

$$\frac{\partial \Omega(a - \rho c - \rho' c')}{\partial (a_i - \rho c_i - \rho' c'_i)} = 0 \qquad (i = 1, 2, \ldots, 6).$$

Puisque le discriminant de la forme Ω n'est pas nul, ces six équations exigent que l'on ait

(2) $$a_i - \rho c_i - \rho' c'_i = 0 \qquad (i = 1, 2, \ldots, 6).$$

Pareillement, six équations telles que

(3) $$b_i - \sigma c_i - \sigma' c'_i = 0$$

expriment que les droites z, z' sont conjuguées dans le complexe B.

Observons maintenant que $\rho\sigma' - \rho'\sigma$ ne saurait être nul, sans quoi les complexes A, B ne seraient pas distincts d'après les équations (2), (3), car on tire de ces équations

$$\rho b_i - \sigma a_i = (\rho\sigma' - \sigma\rho') c'_i,$$
$$\rho' b_i - \sigma' a_i = -(\rho\sigma' - \sigma\rho') c_i.$$

Puisque $\rho\sigma' - \sigma\rho'$ n'est pas nul, on a, en divisant par ce binôme,

(4) $$c_i = \alpha a_i + \beta b_i,$$

(5) $$c'_i = \alpha' a_i + \beta' b_i.$$

équations équivalentes à (2) et (3).

Il ne reste donc plus, pour résoudre le problème, qu'à calculer $\alpha : \beta$ et $\alpha' : \beta'$. On y parvient en exprimant la dernière condition qui nous reste à écrire, à savoir que le complexe $C = \Sigma c_i x_i = 0$ est spécial et de même pour $C' = \Sigma c'_i x_i = 0$. On doit écrire

$$\Omega(\alpha a + \beta b) = \Omega(c) = 0,$$
$$\Omega(\alpha' a + \beta' b) = \Omega(c') = 0;$$

ou, en développant,

(6) $$\Omega(a)\alpha^2 + 2\Omega(a, b)\alpha\beta + \Omega(b)\beta^2 = 0,$$

et même équation pour $\alpha' : \beta'$.

Cette équation nous donnera deux valeurs de $\alpha : \beta$, et, portant une de ces valeurs dans (4) et l'autre dans (5), nous aurons bien deux complexes spéciaux C, C' dont les axes z, z' seront conjugués dans les deux complexes, puisque les équations (4), (5) sont équivalentes aux équations (2), (3), lesquelles expriment précisément que z et z' sont conjugués dans A et B.

Le théorème est donc établi.

L'imaginarité des racines de (6) n'est pas un obstacle; mais la démonstration tombe en défaut si l'équation (6) en $\alpha : \beta$ a ses racines égales, c'est-à-dire si l'expression

$$\Phi(a \mid b) = \Omega(a)\,\Omega(b) - [\Omega(a, b)]^2 \tag{7}$$

est nulle. Nous reviendrons plus loin sur l'hypothèse où Φ est nul, et qui est exceptionnelle.

27. Tirons tout de suite une conséquence du résultat que l'on vient d'obtenir. Considérons tous les complexes linéaires compris dans l'équation

$$\lambda A + \mu B = \Sigma(\lambda a_i + \mu b_i)x_i = 0$$

où $\lambda : \mu$ est un paramètre arbitraire. Nous dirons de ces complexes qu'ils forment un faisceau ou mieux un *système à deux termes*.

Les droites z, z', qui sont conjuguées à la fois dans A *et* B, *sont conjuguées par rapport à tout complexe du système à deux termes* (A, B).

D'après les dernières lignes du n° 19, il suffira, pour démontrer cette proposition, de prouver qu'on peut trouver, λ, μ étant quelconques, deux quantités τ, τ' telles que

$$\frac{\partial\,\Omega(\lambda a + \mu b)}{\partial(\lambda a_i + \mu b_i)} = \tau z_i + \tau' z'_i$$

ou encore, ce qui revient au même [*voir* le passage de (1) à (2)],

$$\lambda a_i + \mu b_i = \tau c_i + \tau' c'_i.$$

Il suffit de se reporter aux équations (2), (3) pour reconnaître que l'on satisfait à ces identités en posant

$$\tau = \lambda\rho + \mu\sigma, \qquad \tau' = \lambda\rho' + \mu\sigma'.$$

Ainsi : *Tous les complexes d'un système à deux termes* (A, B) *ont en commun un couple de droites conjuguées.*

Maintenant, parmi les complexes du système (A, B), il y en a deux qui sont spéciaux, car, si l'on exprime que le complexe $\lambda A + \mu B = 0$ est spécial, on est amené à écrire

$$\Omega(\lambda a + \mu b) = 0,$$

équation qui n'est autre que l'équation (6), où λ remplace α et μ remplace β. On reconnaît en même temps, par ce moyen, que les droites z, z' sont précisément les directrices de ces complexes spéciaux. Ainsi :

Dans tout système (A, B) *à deux termes de complexes linéaires, il y a deux de ces complexes qui sont spéciaux ; les directrices de ces complexes spéciaux sont les deux droites qui sont conjuguées l'une de l'autre dans tous les complexes du système.*

28. On appelle *congruence linéaire l'ensemble des droites communes à deux complexes linéaires.*

Il est clair que la congruence commune à deux complexes d'un système à deux termes est composée de droites appartenant à tous les complexes du système. En effet, les équations $A = 0$, $B = 0$ entraîneront celle-ci

$$\lambda A + \mu B = 0.$$

En particulier, les droites de cette congruence appartiennent aux complexes spéciaux, et, par suite :

La congruence commune à deux complexes linéaires A, B *est composée des droites qui coupent à la fois les droites* z, z' *conjuguées l'une de l'autre dans les deux complexes.*

Pour ce motif, on donne aux droites z, z' le nom de *directrices de la congruence.*

Pour mener la droite de la congruence issue d'un point P, on prendra l'intersection de deux plans menés par P et les deux directrices. Cette droite est unique. Elle est cependant indéterminée si le point P est pris sur l'une des deux directrices.

Pour tracer la droite de la congruence située dans un plan Π, il suffira de joindre les traces des deux directrices sur ce plan. Il n'y a qu'une solution ; mais le problème est indéterminé si le plan Π passe par l'une des deux directrices.

En résumé, la congruence linéaire commune à deux complexes du premier ordre est du premier ordre et de la première classe ; résultat que l'on pouvait d'ailleurs énoncer *a priori*. De plus, deux complexes linéaires ont en commun une infinité de faisceaux plans que l'on engendre en associant à un plan Π, mené par une directrice de la congruence commune, le point P où ce plan coupe l'autre directrice.

29. Arrivons maintenant au cas singulier, laissé de côté, où l'expression $\Phi(a \mid b)$ est nulle. Les deux racines de (6) étant égales, les raisonnements précédents tombent en défaut.

Excluons d'abord le cas où tous les complexes linéaires compris dans le système à deux termes $\lambda A + \mu B = 0$ seraient spéciaux, c'est-à-dire excluons le cas où

$$\Omega(\lambda a + \mu b) = \Omega(a)\lambda^2 + 2\Omega(a, b)\lambda\mu + \Omega(b)\mu^2$$

serait nul identiquement, ce qui exigerait

$$\Omega(a) = 0, \qquad \Omega(a, b) = 0, \qquad \Omega(b) = 0.$$

L'équation (6) possède alors une racine double que je désigne par $\alpha : \beta$, et, dans le système à deux termes, il n'y a qu'un seul complexe spécial, à savoir

$$\alpha A + \beta B = 0.$$

Je représente encore par z_i les coordonnées de la directrice de ce complexe; enfin je considère un complexe quelconque

$$\lambda_0 A + \mu_0 B = 0$$

du système à deux termes (A, B).

On a d'abord, par hypothèse,

$$\Omega(\alpha a + \beta b) = 0;$$

formons en outre

$$\Omega(\alpha a + \beta b \mid \lambda_0 a + \mu_0 b);$$

λ_0, μ_0 figurent linéairement dans cette expression; de même α, β; on peut donc écrire

$$\begin{aligned}
&\Omega(\alpha a + \beta b \mid \lambda_0 a + \mu_0 b)\\
&\quad = \Omega(\alpha a + \beta b \mid a)\lambda_0 + \Omega(\alpha a + \beta b \mid b)\mu_0\\
&\quad = \Omega(a \mid a)\alpha\lambda_0 + \Omega(b \mid a)\beta\lambda_0 + \Omega(a \mid b)\alpha\mu_0 + \Omega(b \mid b)\beta\mu_0.
\end{aligned}$$

Mais $\Omega(a \mid a) = \Omega(a)$, $\Omega(b \mid a) = \Omega(a \mid b)$, $\Omega(b \mid b) = \Omega(b)$; on peut donc écrire

$$= [\Omega(a)\alpha + \Omega(a \mid b)\beta]\lambda_0 + [\Omega(a \mid b)\alpha + \Omega(b)\beta]\mu_0,$$

c'est-à-dire $= 0$, puisque, $\alpha : \beta$ étant racine double de (6), on a

$$\begin{aligned}
\Omega(a)\alpha + \Omega(a \mid b)\beta &= 0,\\
\Omega(a \mid b)\alpha + \Omega(b)\beta &= 0.
\end{aligned}$$

Nous avons donc

$$\Omega(\alpha a + \beta b \mid \lambda_0 a + \mu_0 b) = 0,$$

quels que soient λ_0 et μ_0; cela s'écrit

$$\sum \frac{\partial \Omega(\alpha a + \beta b)}{\partial(\alpha a_i + \beta b_i)} (\lambda_0 a_i + \mu_0 b_i) = 0.$$

ou encore, eu égard à nos notations,

$$(8) \qquad \Sigma (\lambda_0 a_i + \mu_0 b_i) z_i = 0.$$

De là ce théorème :

Lorsque $\Phi(a \mid b) = 0$ *ou, plus exactement, lorsque l'équation* (6) *a une racine double et n'est pas une identité, le système* (A, B) *à deux termes contient un complexe spécial unique et la directrice de ce complexe spécial est une droite commune à tous les complexes du système.*

Il est clair que toute droite commune à deux complexes du système appartient à tous les autres complexes du système, comme dans le cas général. La congruence linéaire commune à tous ces complexes est donc composée de droites qui coupent toutes la directrice z du complexe spécial unique qui fait partie du système. Mais cette condition est insuffisante pour définir la congruence.

Il est facile de compléter cette définition. Soient, en effet, Δ une droite de cette congruence, P le point où elle coupe la droite z et Π le plan mené par Δ et par z. Considérons le faisceau plan (P, Π); deux droites de ce faisceau, la droite z et la droite Δ, font partie de l'un quelconque des complexes du système; donc le point P admet le plan Π comme plan polaire dans tous les complexes du système (A, B); le faisceau (P, Π) appartient à tous ces complexes (n° 13). De là résulte aussitôt que *tous les complexes du système* (A, B) *déterminent sur la droite qui leur est commune la même corrélation normale* (n° 15). Ainsi la congruence linéaire admet ici la définition suivante :

Pour qu'une droite Δ fasse partie de la congruence, il faut et il suffit : 1° *qu'elle coupe la droite fixe* (*directrice* z); 2° *que le plan* (z, Δ) *mené par* z *et* Δ *et le point* (z, Δ) *intersection de* z *et de* Δ *soient deux éléments correspondants d'une corrélation homographique donnée, a priori, sur la droite* z.

On peut placer ici une remarque.

Considérons une congruence linéaire générale admettant les deux directrices z, z'; considérons une quadrique Q arbitraire menée par z et z'. La congruence est composée des droites qui coupent la quadrique Q en deux points situés l'un sur z, l'autre sur z'. Que z' vienne à se rapprocher infiniment de z, la congruence ne sera autre que l'ensemble des droites qui rencontrent la quadrique en deux points infiniment voisins, dont l'un situé sur z, c'est-à-dire l'ensemble des tangentes à la quadrique aux divers points de sa génératrice z. La corrélation qui figure dans la définition de la congruence n'est donc autre que la corrélation de Chasles qui établit la correspondance entre les points de z et les plans tangents en ces points.

Le lecteur reconnaîtra facilement que les congruences singulières que nous venons de définir sont encore du premier ordre et de la première classe.

30. Reste le cas réservé où l'équation (6) est une identité. Les complexes du système (A, B) à deux termes sont tous spéciaux. Cherchons le lieu de leurs directrices.

Soit un de ces complexes

$$\lambda A + \mu B = 0,$$

et y sa directrice, on a

$$y_i = \frac{\partial\Omega(\lambda a + \mu b)}{\partial(\lambda a_i + \mu b_i)};$$

et comme le second membre est linéaire et homogène en λ, μ, on peut écrire

$$y_i = \lambda\frac{\partial\Omega(a)}{\partial a_i} + \mu\frac{\partial\Omega(b)}{\partial b_i}.$$

On reconnaît ainsi que les directrices des complexes du système (A, B) (tous spéciaux) forment un faisceau plan. Énonçons donc ce théorème :

Lorsque tous les complexes d'un système à deux termes sont spéciaux, leurs directrices forment un faisceau plan.

Quelle est la congruence commune à ces complexes? La réponse est facile. Toute droite de la congruence doit couper toutes les droites du faisceau des directrices. Une telle droite doit donc, ou bien être dans le plan du faisceau, ou bien passer au centre du faisceau. En un mot, la congruence se trouve ici décomposée en deux hyperfaisceaux dont l'un est l'ensemble des droites du plan des directrices, et l'autre est la gerbe des droites issues du point de rencontre des directrices.

Voici donc un exemple où la congruence commune à deux complexes se décompose en deux : l'une, formant un système plan, est de l'ordre zéro et de la classe 1; l'autre, formant une gerbe, est du degré 1 et de la classe zéro. La somme des classes et celle de degrés sont égales à $0 + 1 = 1 + 0 = 1$, c'est-à-dire au produit des degrés des complexes.

Nous aurons à reconnaître plus tard la généralité de ce fait pour des complexes quelconques. Il est intéressant de noter qu'il se présente dès la congruence linéaire.

Notre congruence linéaire dégénérée a ici une infinité de directrices qui forment un faisceau (A, α). Soit x une droite de ce faisceau. Dans le cas d'une congruence singulière, une corrélation sur la directrice x sert à définir la congruence. Il est clair qu'ici cette corrélation est à son tour singulière. Car, soit (O, Π) un couple de cette corrélation, c'est-à-dire tel que toute droite du faisceau (O, Π) appartienne à la congruence, O étant sur x et Π étant un plan de x. Il faudra que O soit en A et Π est alors arbitraire, ou que Π coïncide avec le plan α et O est alors arbitraire.

De cette définition des couples (O, Π) de la corrélation, on peut donc conclure qu'elle est singulière, et que (A, α) est son couple singulier.

31. Nous avons vu que l'expression $\Omega(a)$ est un invariant du complexe $\Sigma a_i x_i = 0$. Pareillement, l'expression

$$\Phi(a \mid b) = \Omega(a)\Omega(b) - [\Omega(a \mid b)]^2$$

est un invariant de la congruence commune aux deux complexes A et B. Cet invariant est de l'espèce de ceux que l'on nomme *combinant*. Si l'on effectue une transformation linéaire des variables x_i, il se reproduit multiplié par la quatrième puissance du déterminant de la substitution, et, en cela, c'est un invariant. Mais, de plus, si l'on remplace les deux équations

$$A = 0, \qquad B = 0$$

par celles-ci

$$\lambda A + \mu B = 0, \qquad \lambda' A + \mu' B = 0,$$

$\Phi(a \mid b)$ se reproduit multiplié par $(\lambda\mu' - \mu\lambda')^2$. On a, en effet,

$$\begin{aligned}
&\Phi(\lambda a + \mu b \mid \lambda' a + \mu' b)\\
&\quad = \Omega(\lambda a + \mu b)\Omega(\lambda' a + \mu' b) - [\Omega(\lambda a + \mu b \mid \lambda' a + \mu' b)]^2\\
&\quad = [\Omega(a)\lambda^2 + 2\Omega(a \mid b)\lambda\mu + \Omega(b)\mu^2][\Omega(a)\lambda'^2 + 2\Omega(a \mid b)\lambda'\mu' + \Omega(b)\mu'^2]\\
&\qquad - [\Omega(a)\lambda\lambda' + \Omega(a \mid b)(\lambda\mu' + \mu\lambda') + \Omega(b)\mu\mu']^2\\
&\quad = [\Omega(a)\Omega(b) - \Omega(a \mid b)]^2(\lambda\mu' - \mu\lambda')^2.
\end{aligned}$$

Les propriétés de l'invariant Φ correspondent donc à celles de la congruence linéaire prise en elle-même, indépendamment du choix des coordonnées, comme aussi du choix des deux complexes linéaires A, B, au moyen desquels on les définit; de là le nom de *combinant* donné à cet invariant.

32. Deux complexes linéaires A, B étant donnés, on peut séparer les propriétés de leur ensemble en deux groupes; les unes appartiennent à leur congruence commune et demeurent les mêmes si l'on substitue à A, B deux autres complexes

du système à deux termes (A, B) : à ces propriétés se rattache l'invariant $\Phi(a|b)$, dont l'évanouissement exprime que la congruence est singulière.

Mais, à côté de ces propriétés, il en est d'autres qui appartiennent exclusivement aux deux complexes A et B. C'est ainsi que, si l'on se donne deux sphères, leur cercle commun appartient à toutes les sphères du faisceau, tandis que l'angle sous lequel elles se coupent leur appartient en propre.

Ce sont les propriétés de cet ordre que nous allons envisager pour les deux complexes A, B.

Considérons le complexe

$$A + kB = 0;$$

lorsque k varie, ce complexe parcourt tout le système à deux termes (A, B). Soit Δ une droite de la congruence commune aux complexes de ce système et Π un plan mené par Δ, appelons P_k le pôle du plan Π dans le complexe $A + kB = 0$. Lorsque k varie, le point P_k décrit la droite Δ. Je dis que P_k correspond, d'une façon univoque, aux valeurs de k. D'abord, en effet, k étant donné, P_k est parfaitement déterminé; en second lieu, si l'on se donne P_k comme pôle du plan Π dans un complexe $A + kB$ du faisceau, il suffira, pour trouver la valeur de k, d'écrire qu'une droite z menée par P_k dans le plan Π fait partie du complexe, ce qui donnera

$$A(z) + kB(z) = 0,$$

équation en k du premier degré.

On voit que l'on exclut le cas où les complexes du système (A, B) détermineraient la même corrélation normale sur Δ. Dans ce cas, et dans ce cas seulement, $A(z)$ et $B(z)$ seraient nuls pour toute position du point P_k sur la droite Δ. D'ailleurs la congruence serait alors singulière et Δ serait sa directrice.

Puisque P_k et k se correspondent univoquement, il en résulte, d'après le principe de correspondance, que le rapport anharmonique de quatre valeurs de k est égal à celui des points P_k correspondants. On a donc ce théorème :

Soient quatre complexes du système, obtenus en prenant

$$k = \alpha, \beta, \gamma, \delta,$$

et Δ une droite de la congruence commune, les pôles dans les quatre complexes d'un plan, mené par Δ, forment un rapport anharmonique égal au rapport anharmonique des quantités α, β, γ, δ.

Ce rapport anharmonique est donc constant à deux points de vue; d'abord il demeure constant quand le plan tourne autour de Δ, et, en second lieu, quand Δ se déplace dans la congruence.

Le même raisonnement conduit au théorème suivant, qui est le transformé du précédent par polaires réciproques.

Soient quatre complexes du système, obtenus en prenant

$$k = \alpha, \beta, \gamma, \delta,$$

et Δ *une droite de la congruence commune; les plans polaires d'un point quelconque, pris sur* Δ, *dans les quatre complexes forment un faisceau dont le rapport anharmonique est égal à celui des quantités* α, β, γ, δ.

Ces deux théorèmes subsistent si les deux directrices de la congruence viennent se confondre.

Ils conservent même leur raison d'être si tous les complexes du système sont spéciaux; le rapport anharmonique est, dans ce cas, égal à celui des quatre directrices du complexe, lesquelles forment un faisceau plan.

33. Raisonnons maintenant dans l'hypothèse où les deux directrices de la congruence sont distinctes. Deux complexes

$$A + \rho B = 0, \qquad A + \rho' B = 0$$

étant donnés, adjoignons-leur les complexes spéciaux du système

$$A + k B = 0, \qquad A + k' B = 0,$$

en sorte que k, k' seront racines de l'équation

$$\Omega(b) k^2 + 2\Omega(a \mid b) k + \Omega(a) = 0. \tag{8}$$

Soit Δ une droite de la congruence qui coupera, par conséquent, en deux points F, F′ les directrices z, z'. Si l'on mène un plan arbitraire Π par Δ, F et F′ sont les pôles de ce plan dans les deux complexes *spéciaux* (k) et (k'); ils demeurent fixes lorsque le plan tourne; par contre, les pôles P_ρ, $P_{\rho'}$ de ce plan Π dans les complexes (ρ), (ρ') varient, mais ils forment, avec F, F′, un rapport anharmonique

$$(P_\rho, P_{\rho'}, F, F') = (\rho, \rho', k, k')$$

qui est constant. Ils décrivent donc sur Δ une homographie dont F, F′ sont les points doubles et dont (ρ, ρ', k, k') est le rapport anharmonique.

On verra de même que si l'on prend un point arbitraire P sur Δ, si Π_ρ, $\Pi_{\rho'}$ sont les plans polaires de P dans les complexes (ρ), (ρ') et Φ, Φ' les plans menés par Δ et z, par Δ et z', ces plans sont les plans polaires de P dans les complexes *spéciaux* (k), (k'); ils sont fixes. Le rapport anharmonique des quatre plans Π_ρ, $\Pi_{\rho'}$,

Φ, Φ' est égal à

$$(\Pi_\rho, \Pi_{\rho'}, \Phi, \Phi') = (\rho, \rho', k, k');$$

il est constant et a même valeur que le premier.

Lorsque P se déplace sur Δ, les plans $\Pi_\rho, \Pi_{\rho'}$ varient seuls et décrivent dès lors deux faisceaux homographiques autour de Δ, dont Φ, Φ' sont les plans doubles et (ρ, ρ', k, k') le rapport anharmonique constant.

Ce rapport anharmonique est facile à calculer. Désignons-le par ε; nous aurons

$$\begin{aligned}\varepsilon &= \frac{\rho - k}{\rho' - k} : \frac{\rho - k'}{\rho' - k'} = \frac{(\rho - k)(\rho' - k')}{(\rho' - k)(\rho - k')}\\ &= \frac{2(\rho\rho' + kk') - (k + k')(\rho + \rho') - (k' - k)(\rho' - \rho)}{2(\rho\rho' + kk') - (k + k')(\rho + \rho') + (k' - k)(\rho' - \rho)},\end{aligned}$$

d'où

$$\frac{\varepsilon + 1}{\varepsilon - 1} = \frac{2(\rho\rho' + kk') - (k + k')(\rho + \rho')}{(k' - k)(\rho' - \rho)},$$

et comme k, k' sont racines de (8), il vient

$$\frac{\varepsilon + 1}{\varepsilon - 1} = \frac{\Omega(b)\rho\rho' + \Omega(a \mid b)\overline{\rho + \rho'} + \Omega(a)}{(\rho' - \rho)\sqrt{-\Phi(a \mid b)}}.$$

Faisons, en particulier, $\rho' = \infty$, puis $\rho = 0$, les deux complexes considérés seront alors A et B, et nous aurons

$$\frac{\varepsilon + 1}{\varepsilon - 1} = \frac{\Omega(a \mid b)}{\sqrt{-\Phi(a \mid b)}}.$$

Il suffit de se reporter à ce que nous avons dit plus haut au sujet des corrélations homographiques sur une droite pour voir que ce rapport anharmonique constant ε est égal à celui des deux corrélations normales des complexes suivant une quelconque de leurs droites *communes*. L'angle de ces deux corrélations normales sera, ce que nous appellerons aussi avec M. Klein, l'*angle des deux complexes*.

Si l'on pose

$$V = \frac{1}{2i} \log \varepsilon,$$

on trouve aisément

$$(9) \qquad \cos V = \frac{1}{2}\left(\frac{1}{\sqrt{\varepsilon}} + \sqrt{\varepsilon}\right) = \frac{\Omega(a \mid b)}{\sqrt{\Omega(a)\,\Omega(b)}}.$$

Sans qu'il soit nécessaire d'insister beaucoup, on voit que si $V = \frac{\pi}{2}$ ou $\varepsilon = -1$, les corrélations normales sont en involution et les deux complexes sont dits aussi en *involution* ou orthogonaux.

La condition d'involution de deux complexes A, B est dès lors la suivante

$$\Omega(a \mid b) = 0.$$

34. Examinons quelques cas particuliers.

La notion d'involution, telle que nous venons de la donner, tombe en défaut si l'un des complexes A, B est spécial. Mais nous pouvons continuer à dire que deux complexes sont en involution chaque fois que l'invariant simultané $\Omega(a \mid b)$ sera nul, même si a et b devenaient spéciaux à la fois.

Au surplus, supposons que B soit spécial et soit z sa directrice. L'équation

$$\Omega(a \mid b) = 0$$

s'écrit

$$\sum \frac{\partial \Omega}{\partial b_i} a_i = 0;$$

mais, comme

$$z_i = \frac{\partial \Omega}{\partial b_i},$$

on a, en somme,

$$\Sigma\, a_i z_i = 0.$$

Ainsi *un complexe spécial est en involution avec tous les complexes qui contiennent sa directrice et réciproquement.*

Plus particulièrement encore, si A lui-même devient spécial, on voit, par application de ce théorème, que *deux complexes spéciaux sont en involution sous la condition nécessaire et suffisante que leurs directions se rencontrent.*

On peut présenter à un autre point de vue la notion de complexes en involution.

Soit un complexe

$$\Sigma\, a_i x_i = 0:$$

la condition pour que deux droites y, y' soient conjuguées dans le complexe s'écrit, comme on sait, sous la forme

$$\frac{1}{2} \frac{\partial \Omega(a)}{\partial a_i} = \rho y_i + \rho' y'_i \qquad (i = 1, 2, \ldots, 6),$$

où ρ, ρ' sont deux paramètres.

Supposons que la droite y décrive le complexe

$$\Sigma\, b_i y_i = 0,$$

l'équation

$$\frac{1}{2}\sum \frac{\partial \Omega(a)}{\partial a_i} b_i = \Omega(a \mid b) = \rho \sum b_i y_i + \rho' \sum b_i y'_i$$

donne

$$\Omega(a \mid b) = \rho' \Sigma\, b_i y'_i.$$

Si nous cherchons dès lors la condition pour que la droite y' décrive aussi le complexe B, nous trouvons

$$\Omega(a \mid b) = 0.$$

Mais si y' fait partie d'un complexe B en même temps que y, cela signifie que B est à lui-même son propre polaire réciproque par rapport au complexe A.

On arrive donc au théorème suivant :

Si deux complexes linéaires sont en involution, chacun d'eux est son propre polaire réciproque par rapport à l'autre.

Si l'un des complexes est spécial, on retrouve la propriété des droites d'un complexe de coïncider avec leur conjuguée par rapport à ce complexe.

35. La considération des complexes en involution joue le rôle le plus important dans la géométrie de la ligne droite. Elle est liée étroitement à la théorie *des systèmes linéaires de complexes du premier degré.*

Nous avons appelé *système à deux termes* l'ensemble des complexes contenus dans l'équation

$$\lambda A + \mu B = 0;$$

pareillement, soient A, B, C trois complexes linéaires non contenus dans un même système à deux termes, nous appellerons *système à trois termes* l'ensemble des complexes représentés par l'équation

$$\lambda A + \mu B + \nu C = 0.$$

Considérons encore quatre complexes linéaires A, B, C, D non contenus dans un même système à trois termes, les complexes linéaires représentés par l'équation

$$\lambda A + \mu B + \nu C + \rho D = 0$$

formeront un ensemble à quatre termes.

Enfin, en prenant cinq complexes linéaires, A, B, C, D, E, non contenus dans un même système à quatre termes, l'équation

$$\lambda A + \mu B + \nu C + \rho D + \sigma E = 0$$

représentera un système à cinq termes.

Il y a lieu d'observer que l'équation d'un complexe linéaire

$$\Sigma a_i x_i = 0$$

contient six coefficients et, par suite, cinq paramètres. Si l'on prend six complexes

$$\begin{aligned} A &= \Sigma a_i x_i = 0, \\ B &= \Sigma b_i x_i = 0, \\ C &= \Sigma c_i x_i = 0, \\ D &= \Sigma d_i x_i = 0, \\ E &= \Sigma e_i x_i = 0, \\ F &= \Sigma f_i x_i = 0, \end{aligned}$$

et que l'on forme l'expression

$$\lambda A + \mu B + \nu C + \rho D + \sigma E + \tau F = \Sigma u_i x_i,$$

on aura

$$u_i = a_i\lambda + b_i\mu + c_i\nu + d_i\rho + e_i\sigma + f_i\tau \qquad (i = 1, 2, \ldots, 6). \tag{10}$$

Le déterminant

$$\Delta = \| \; a_i \quad b_i \quad c_i \quad d_i \quad e_i \quad f_i \; \|$$

n'étant pas supposé nul, on ne pourra pas trouver de valeurs de λ, μ, ν, ρ, σ, τ autres que zéro, qui annulent tous les u_i. Il ne pourra donc exister de relation linéaire de la forme

$$\lambda A + \mu B + \nu C + \rho D + \sigma E + \tau F = 0,$$

et les complexes A, B, C, D, E, F ne feront pas partie d'un même système à cinq termes.

Si, au contraire, Δ était nul, une telle relation linéaire aurait lieu et les six complexes feraient partie d'un même système à cinq ou à un nombre moindre de termes.

Si Δ n'est pas nul, c'est-à-dire si A, B, C, D, E, F ne font pas partie d'un même système à cinq termes ou d'un système à moins de cinq termes, les équations (10) peuvent être résolues par rapport à λ, μ, ν, ρ, σ, τ et, par suite, tout complexe linéaire

$$\Sigma u_i x_i = 0$$

peut être représenté par une équation telle que

$$\lambda A + \mu B + \nu C + \rho D + \sigma E + \tau F = 0.$$

On a donc ce théorème :

Si six complexes linéaires, A, B, C, D, E, F, *ne font pas partie d'un même système à cinq termes ou d'un même système à un nombre de termes moindre que cinq, l'équation de tout complexe linéaire peut recevoir la forme*

$$\lambda A + \mu B + \nu C + \rho D + \sigma E + \tau F = 0.$$

Autrement dit, un système à six termes comprend tous les complexes linéaires possibles. Nous aurons à faire usage, plus loin, de ce théorème, à propos de la transformation des coordonnées. Pour le moment, nous ne nous écarterons pas des systèmes linéaires, qui sont l'objet de notre présente étude.

36. Considérons le système à p termes

$$(11) \qquad \lambda_1 A_1 + \lambda_2 A_2 + \ldots + \lambda_p A_p = 0,$$

où

$$A_\mu = a_{\mu 1} x_1 + a_{\mu 2} x_2 + \ldots + a_{\mu 6} x_6.$$

Soit le complexe $\Sigma u_i x_i = 0$, et exprimons que ce complexe u est en involution avec le complexe (11), nous aurons

$$\Omega(u \mid \lambda_1 a_1 + \ldots + \lambda_p a_p) = 0,$$

c'est-à-dire

$$\Omega(u \mid a_1)\lambda_1 + \ldots + \Omega(u \mid a_p)\lambda_p = 0.$$

On voit donc que, si l'on écrit

$$(12) \qquad \Omega(u \mid a_1) = 0, \qquad \Omega(u \mid a_2) = 0, \qquad \Omega(u \mid a_p) = 0,$$

le complexe (u) sera tout d'abord en involution avec les complexes (a_1), (a_2), ..., (a_p), et, de plus, COMME CONSÉQUENCE, sera en involution avec tous les complexes du système à p termes (11).

Les équations (12) s'écrivent

$$\sum \frac{\partial \Omega(a_1)}{\partial a_{1i}} u_i = 0, \qquad \sum \frac{\partial \Omega(a_2)}{\partial a_{2i}} u_i = 0, \qquad \ldots, \qquad \sum \frac{\partial \Omega(a_p)}{\partial a_{pi}} u_i = 0.$$

Nous avons là p équations entre les u_i; elles sont toutes distinctes, car, s'il en était autrement, on pourrait trouver des quantités $\rho_1, \rho_2, \ldots, \rho_p$ non toutes nulles et vérifiant les relations

$$\rho_1 \frac{\partial \Omega(a_1)}{\partial a_{1i}} + \ldots + \rho_p \frac{\partial \Omega(a_p)}{\partial a_{pi}} = 0 \qquad (i = 1, 2, \ldots, 6).$$

Ces relations s'écrivent

$$\frac{\partial \Omega(\rho_1 a_1 + \ldots + \rho_p a_p)}{\partial(\rho_1 a_{1i} + \ldots + \rho_p a_{pi})} = 0 \qquad (i = 1, 2, \ldots, 6),$$

et, comme Ω a son discriminant non nul, cela exigerait que l'on eût

$$\rho_1 a_{1i} + \ldots + \rho_p a_{pi} = 0 \qquad (i = 1, 2, \ldots, 6).$$

Il en résulterait donc l'identité

$$\rho_1 A_1 + \ldots + \rho_p A_p = 0,$$

et les complexes $A_1, \ldots, A_p$ feraient partie d'un système à $(p-1)$ termes ou à un nombre moindre de termes. Ce serait contraire à notre hypothèse que le système (11) est un système à p termes.

Les équations (12) sont donc distinctes et permettent, en conséquence, de tirer p des u_i en fonction des $6-p$ autres. Les valeurs générales des u_i qui vérifient les équations (12) auront donc la forme

$$u_i = g_{1,i}\mu_1 + g_{2,i}\mu_2 + \ldots + g_{6-p,i}\mu_{6-p} \qquad (i = 1, 2, \ldots, 6),$$

et les g sont des coefficients constants tels que, pour aucune valeur des μ autre que zéro, les u_i ne peuvent s'annuler tous à la fois. D'après cela, si l'on pose

$$G_1 = \Sigma g_{1,i} x_i, \qquad G_2 = \Sigma g_{2,i} x_i, \qquad \ldots, \qquad G_{6-p} = \Sigma g_{6-p,i} x_i,$$

les $(6-p)$ complexes G ne peuvent vérifier d'identité telle que

$$\rho_1 G_1 + \rho_2 G_2 + \rho_{6-p} G_{6-p} = 0,$$

ce qui signifie que ces complexes ne font pas partie d'un même système à $6-p-1=5-p$ termes ou d'un système à un nombre moindre de termes. L'ensemble des complexes en involution avec tous ceux du système à p termes, lequel ensemble est représenté par l'équation

$$\Sigma u_i x_i = \mu_1 G_1 + \ldots + \mu_{6-p} G_{6-p} = 0,$$

forme donc un système à $6-p$ termes.

De là ce théorème :

Les complexes linéaires qui sont en involution avec tous ceux d'un système à p termes forment eux-mêmes un système à $6-p$ termes.

Nous appellerons, pour abréger, *systèmes complémentaires* ces deux systèmes à p et à $(6-p)$ termes, dont les complexes sont en involution.

Prenons, par exemple, un système à cinq termes. Le système complémentaire ne comporte qu'un seul complexe. On a donc ce théorème :

Les complexes d'un système à cinq termes sont orthogonaux à un complexe linéaire fixe.

37. Soient Σ, Σ_0 deux systèmes complémentaires à p et à $(6-p)$ termes. Supposons que p soit au moins égal à 2; alors, parmi les complexes du système Σ, il y en a de spéciaux, comme on le voit en écrivant

$$\Omega(a_1\lambda_1 + \ldots + a_p\lambda_p) = 0,$$

c'est-à-dire

$$\Omega(a_1)\lambda_1^2 + \Omega(a_2)\lambda_2^2 + \ldots + \Omega(a_p)\lambda_p^2 + 2\Omega(a_1 \mid a_2)\lambda_1\lambda_2 + 2\Omega(a_1 \mid a_3)\lambda_1\lambda_3 + \ldots = 0.$$

Or les directrices de ces complexes spéciaux doivent appartenir à chacun des complexes du système complémentaire Σ_0; en effet, ces complexes spéciaux sont en involution avec tous ceux du système complémentaire Σ_0 : donc, d'après un théorème du n° **34**, leurs directrices appartiennent à ces complexes. Réciproquement, toute droite commune à tous les complexes du système Σ_0 est la directrice d'un complexe spécial en involution avec tous les complexes du système Σ_0; ce complexe spécial fait donc partie du système Σ. Énonçons donc ce théorème :

Les directrices des complexes spéciaux contenus dans un système Σ ne sont autres que les droites communes aux complexes du système complémentaire Σ_0.

Ajoutons cette remarque :

Les droites communes aux complexes d'un système Σ coupent toutes les droites qui sont communes aux complexes du système complémentaire Σ_0.

Ces droites sont, en effet, des directrices de complexes spéciaux qui sont en involution.

38. L'introduction de la notion d'involution simplifie beaucoup le problème de la recherche des droites communes à plusieurs complexes linéaires. Nous avons déjà traité le cas de deux complexes; il reste encore le cas de trois et de quatre complexes.

Soient trois complexes A, B, C ne faisant pas partie d'un même système à deux termes, nous nous proposons de chercher leurs droites communes.

Considérons pour cela le système à trois termes

$$\Sigma = \lambda A + \mu B + \nu C = 0;$$

le système complémentaire Σ_0 est également un système à trois termes. Cherchons les complexes spéciaux contenus dans le premier système Σ. Nous écrirons

$$\Omega(\lambda a + \mu b + c\nu) = 0,$$

étant donné que

$$A = \Sigma a_i x_i, \qquad B = \Sigma b_i x_i, \qquad C = \Sigma c_i x_i.$$

Nous aurons, en développant,

$$(13)\quad \left\{\begin{array}{l}\Omega(\lambda a+\mu b+\nu c)\\ \quad=\Omega(a)\lambda^2+\Omega(b)\mu^2+\Omega(c)\nu^2+2\Omega(a\,|\,b)\lambda\mu+2\Omega(a\,|\,c)\lambda\nu+2\Omega(b\,|\,c)\mu\nu=0;\end{array}\right.$$

je pose

$$(14)\qquad \Psi(a\,|\,b\,|\,c)=\begin{vmatrix}\Omega(a) & \Omega(a\,|\,b) & \Omega(a\,|\,c)\\ \Omega(b\,|\,a) & \Omega(b) & \Omega(b\,|\,c)\\ \Omega(c\,|\,a) & \Omega(c\,|\,b) & \Omega(c)\end{vmatrix},$$

en sorte que Ψ est le discriminant de la forme quadratique (13). Ce discriminant est un invariant simultané des complexes A, B, C. Mais il y a plus; c'est aussi un *combinant,* comme la fonction $\Phi(a\,|\,b)$. Si, en effet, on remplace A, B, C par des combinaisons telles que

$$A_1=p\,A+q\,B+r\,C,$$
$$B_1=p'A+q'B+r'C,$$
$$C_1=p''A+q''B+r''C,$$

où le déterminant

$$\begin{vmatrix}p & q & r\\ p' & q' & r'\\ p'' & q'' & r''\end{vmatrix}$$

n'est pas nul, la fonction Ψ se reproduit multipliée par le carré de ce déterminant. Observons, en passant, que, si l'on remplace A, B, C par des expressions telles que A_1, B_1, C_1, pour lesquelles le déterminant $\Sigma\pm pq'r''$ ne soit pas nul, cela revient à effectuer, dans la forme (13), la transformation linéaire

$$\lambda=p\lambda_1+p'\mu_1+p''\nu_1,$$
$$\mu=q\lambda_1+q'\mu_1+q''\nu_1,$$
$$\nu=r\lambda_1+r'\mu_1+r''\nu_1$$

sur les variables λ, μ, ν. On peut profiter de cette remarque pour réduire la forme (13). Ainsi, si l'invariant Ψ n'est pas nul, la forme (13) est réductible à trois carrés ou, ce qui est la même chose, au type

$$\lambda\mu-\nu^2.$$

Si Ψ est nul, mais non tous ses mineurs, la forme (13) est le produit de deux facteurs et l'on pourra supposer la forme ramenée au type

$$\lambda\mu.$$

Si Ψ est nul, ainsi que tous ses mineurs, la forme est un carré parfait et l'on pourra supposer que ce carré est

$$\nu^2.$$

Enfin il se peut que la forme (13) soit nulle identiquement.

Nous avons ainsi les quatre cas qui peuvent se présenter dans l'intersection de trois complexes du premier degré. Examinons-les successivement.

39. Dans le premier cas, on devra avoir

$$\Omega(a) = 0, \quad \Omega(b) = 0, \quad \Omega(a \mid c) = 0, \quad \Omega(b \mid c) = 0, \quad 2\Omega(a \mid b) = -\Omega(c) = 1.$$

Les deux premières équations prouvent que les deux complexes A, B sont spéciaux, et, à cause de $2\Omega(a \mid b) = 1$, on voit que leurs directrices ne peuvent se couper, puisque $\Omega(a \mid b) = 0$ est la condition de leur rencontre. La troisième et la quatrième équation prouvent que ces directrices font partie du complexe C.

Maintenant on vérifie de la façon la plus générale l'équation

$$\lambda\mu - \nu^2 = 0,$$

en prenant

$$\lambda = t^2, \quad \mu = 1, \quad \nu = t,$$

où t est un paramètre, en sorte que tous les complexes spéciaux du système sont représentés par l'équation

$$\Sigma(a_i t^2 + c_i t + b_i) x_i = 0.$$

Les coordonnées de la directrice z de l'un de ces complexes seront

$$z_i = \frac{\partial\Omega(at^2 + ct + b)}{\partial(a_i t^2 + c_i t + b_i)},$$

ou encore

$$z_i = \frac{\partial\Omega(a)}{\partial a_i} t^2 + \frac{\partial\Omega(c)}{\partial c_i} t + \frac{\partial\Omega(b)}{\partial b_i}.$$

Le lieu de ces directrices z est donc une série réglée, et même une série réglée du second ordre, car, si l'on cherche combien de droites de la série coupent la droite fixe y_i, on est conduit à l'équation du second degré en t

$$\begin{aligned} 0 = \omega(y \mid z) &= \sum \frac{\partial\omega}{\partial y_i} z_i \\ &= \left[\sum \frac{\partial\omega}{\partial y_i} \frac{\partial\Omega(a)}{\partial a_i}\right] t^2 + \left[\sum \frac{\partial\omega}{\partial y_i} \frac{\partial\Omega(c)}{\partial c_i}\right] t + \left[\sum \frac{\partial\omega}{\partial y_i} \frac{\partial\Omega(b)}{\partial b_i}\right] = 0. \end{aligned}$$

Une série réglée peut être constituée par les génératrices d'une surface réglée, par celles d'un cône, ou bien enfin par les tangentes d'une courbe plane. Dans ces deux derniers cas, la série réglée est contenue dans un hyperfaisceau.

Or, tel n'est pas ici le cas, car, si cela avait lieu, les directrices des complexes spéciaux A et B devraient se couper comme faisant partie d'un même hyper-faisceau. L'expression $\Omega(a \mid b)$ devrait être nulle, ce qui n'a pas lieu.

Il faut donc conclure que les directrices de nos complexes spéciaux forment une surface réglée, laquelle est du second degré, puisque la série réglée des directrices est du second ordre.

On a donc ce théorème :

Les directrices des complexes spéciaux d'un système à trois termes constituent généralement les génératrices rectilignes d'une famille d'une quadrique.

Nous dirons, pour abréger, qu'elles forment une *demi-quadrique*. Les génératrices du second système de cette quadrique constitueront ce que nous appellerons la *demi-quadrique complémentaire* de la *première*.

Il est maintenant facile d'avoir les droites communes aux trois complexes A, B, C. L'ensemble de ces droites appartient à tous les complexes du système à trois termes

$$\lambda A + \mu B + \nu C = 0,$$

et peut être défini en prenant trois complexes quelconques A_1, B_1, C_1 de ce système, pourvu que ces trois complexes ne fassent pas partie d'un même système à deux termes. Or c'est précisément le cas de trois complexes spéciaux A_1, B_1, C_1 du système; en effet, leurs directrices ne se coupent pas, puisque ce sont les génératrices d'une même demi-quadrique. Le système à deux termes

$$\rho A_1 + \sigma B_1 = 0$$

ne comporte donc pas d'autre complexe spécial que A_1 et B_1, et, par suite, A_1, B_1, C_1 ne peuvent faire partie d'un même système à deux termes (il pourrait ne plus en être de même si les directrices de A_1 et B_1 se coupaient).

Les droites communes aux complexes du système à trois termes sont donc définies par la condition de couper trois génératrices quelconques de la demi-quadrique $\mathfrak{Q}$, lieu des directrices des complexes linéaires spéciaux du système. Ces droites constituent donc la quadrique complémentaire $\mathfrak{Q}_0$. Énonçons dès lors ce théorème :

Les droites communes à trois complexes A, B, C *non compris dans un même système à deux termes, et, par suite, les droites communes à tous les complexes du système à trois termes*

$$\Sigma = \lambda A + \mu B + \nu C = 0$$

forment une demi-quadrique $\mathfrak{Q}_0$, *complémentaire de la demi-quadrique* $\mathfrak{Q}$ *lieu des directrices des complexes spéciaux contenus dans le système à trois termes.*

On ne manquera pas d'observer que le système Σ_0 à trois termes, complémentaire du système Σ, admet la demi-quadrique $\mathfrak{Q}_0$ comme lieu des directrices de ses complexes spéciaux, et que les droites de la demi-quadrique $\mathfrak{Q}$ sont, au contraire, communes à tous les complexes du système Σ_0. Cela résulte du corollaire qui termine le n° **37**.

40. Nos raisonnements supposent que Ψ n'est pas nul; admettons maintenant que $\Psi = 0$; nous savons que la forme (13) peut être réduite à $\lambda\mu$; cela nous donne

$$\Omega(a) = 0, \qquad \Omega(b) = 0, \qquad \Omega(c) = 0, \qquad \Omega(bc) = 0, \qquad \Omega(c \mid a) = 0;$$

mais $\Omega(a \mid b)$ n'est pas nul.

Les complexes A, B, C sont spéciaux, d'après les trois premières équations. Les deux dernières nous prouvent, en outre, que la directrice Δ_C du complexe C coupe les directrices Δ_A, Δ_B des deux autres complexes; mais celles-ci ne se coupent pas elles-mêmes puisque $\Omega(a \mid b)$ n'est pas nul.

Soit F le point de rencontre de Δ_C et de Δ_A, F′ celui de Δ_C et de Δ_B; Φ le plan de Δ_C et de Δ_A; Φ' celui de Δ_C et de Δ_B.

Les complexes spéciaux du système à trois termes, eu égard à l'équation

$$\lambda\mu = 0,$$

se décomposent en deux familles, savoir

$$\mu B + \nu C = 0 \qquad \text{et} \qquad \lambda A + \nu C = 0.$$

Chacune de ces familles constitue un système à deux termes, et, d'après ce que nous savons, sur ces systèmes, puisque les complexes qui les composent sont tous spéciaux, leurs directrices forment un faisceau plan.

La famille

$$\lambda A + \nu C = 0$$

est donc composée de complexes spéciaux dont les directrices engendrent le faisceau plan (F, Φ), tandis que le faisceau (F′, Φ') correspond à la seconde famille.

On observera que les deux faisceaux plans (F, Φ), (F′, Φ') ont une droite commune Δ_C, directrice du complexe C.

Il est maintenant facile d'avoir les droites communes aux complexes du système à trois termes. Une quelconque de ces droites est définie par la condition de couper toutes les droites des faisceaux (F, Φ), (F′, Φ'). Si elle ne passe pas par F, elle est donc dans le plan Φ, et si elle ne passe pas par F', elle est dans le plan Φ'. Ces droites sont donc celles des deux faisceaux plans (F, Φ'), (F', Φ). On voit que les couples (F, Φ'), (F', Φ) sont les inverses (n° **21**) des couples (F, Φ), (F', Φ').

Les droites des faisceaux (F, Φ), (F', Φ') constituent ainsi une dégénérescence des droites d'une demi-quadrique, tandis que les faisceaux inverses (F, Φ'), (F', Φ) constituent la demi-quadrique complémentaire dégénérée.

Il est fort digne de remarque qu'une nouvelle conception des quadriques conduit, pour ces êtres géométriques, à un mode de dégénérescence qu'on ne rencontre pas lorsqu'on les définit soit par leurs points, soit par leurs plans tangents. On sait, du reste, que ces deux dernières définitions conduisent chacune à des dégénérescences propres : cônes ou plans pour les quadriques ponctuelles ; coniques ou points pour les quadriques tangentielles.

Une quadrique ponctuelle ne peut pas devenir une conique ou un point, pas plus qu'une quadrique tangentielle ne peut devenir un cône ou un plan. Au nouveau point de vue où nous nous plaçons, la quadrique peut dégénérer en quatre faisceaux plans inverses (F, Φ), (F', Φ'), (F', Φ), (F, Φ'), les deux premiers représentant les génératrices d'un système et les deux autres celles de l'autre.

41. Admettons maintenant que l'invariant Ψ soit nul ainsi que ses mineurs du premier ordre. Alors la forme est un carré parfait qu'on peut supposer être ν^2. Il vient, dans ce cas,

$$\Omega(a) = 0, \quad \Omega(b) = 0, \quad \Omega(a \mid b) = 0, \quad \Omega(a \mid c) = 0, \quad \Omega(b \mid c) = 0,$$

mais $\Omega(c)$ n'est pas nul.

Les complexes A, B sont spéciaux et, à cause de $\Omega(a \mid b) = 0$, leurs directrices se coupent. Soient F le point et Φ le plan commun. Puisque $\Omega(a \mid c) = 0, \Omega(b \mid c) = 0$, les droites directrices de A et de B appartiennent au complexe non spécial C, et, par suite, F est le pôle du plan Φ dans ce complexe. On en déduit aussitôt que les droites communes aux complexes A, B, C ne sont autres que celles du faisceau plan (F, Φ). Comme, du reste, les complexes spéciaux du système forment le système à deux termes

$$\lambda A + \mu B = 0,$$

il est clair que les directrices de ces complexes spéciaux sont également les droites du faisceau plan (F, Φ).

Si l'on envisage le système complémentaire Σ_0 du système Σ considéré

$$\Sigma = \lambda A + \mu B + \nu C,$$

on voit que les complexes du système Σ_0 ont en commun les droites du faisceau

(F, Φ), comme ceux du système Σ, et les complexes spéciaux sont représentés encore par

$$\lambda A + \mu B = 0.$$

Ce cas n'est autre que le précédent, mais dans lequel les faisceaux (F, Φ), (F', Φ') coïncident.

42. Il reste enfin, pour épuiser les systèmes à trois termes, à traiter le cas où la forme (13) est identiquement nulle. Tous les complexes du système

$$\Sigma = \lambda A + \mu B + \nu C = 0$$

sont spéciaux. Soit z la directrice de l'un de ces complexes, on a

$$z_i = \frac{\partial\Omega(a)}{\partial a_i}\lambda + \frac{\partial\Omega(b)}{\partial b_i}\mu + \frac{\partial\Omega(c)}{\partial c_i}\nu,$$

et, par suite, ces directrices forment un hyperfaisceau.

Le système Σ est donc composé de complexes spéciaux dont les directrices forment un hyperfaisceau. Les droites mêmes de cet hyperfaisceau sont, dès lors, les seules qui soient communes à tous les complexes du système.

Ce cas offre ceci de remarquable que le système Σ coïncide avec son complémentaire. Le lecteur prouvera facilement que c'est le seul cas où ce fait se présente.

Il est assurément fort remarquable que les complexes linéaires d'un tel système à trois termes puissent avoir, en commun, une congruence de droites (de classe 1 et de degré zéro, ou de classe zéro et de degré 1), sans que pourtant il existe entre trois quelconques de ces complexes une relation linéaire. Ce fait montre avec quelle circonspection doivent être traitées ces questions, et explique le soin peut-être un peu minutieux que nous avons cru devoir apporter dans cette partie de notre exposition.

43. Arrivons maintenant aux droites communes à quatre complexes linéaires, et aux systèmes à quatre termes. Soit Σ un tel système, représenté par l'équation

$$\Sigma = \lambda A + \mu B + \nu C + \rho D = 0.$$

Le système Σ_0 complémentaire étant à deux termes, nous pouvons utiliser ce que nous savons des systèmes à deux termes et des systèmes complémentaires. Le système à deux termes contient deux complexes spéciaux qui peuvent coïncider dans certains cas : il peut aussi se composer de complexes spéciaux dont les directrices forment un faisceau plan. Voyons ce que sont les systèmes complémentaires à quatre termes correspondants.

D'abord, dans le cas général, nous voyons que les complexes du système Σ à quatre termes auront deux droites communes Δ, Δ', directrices de la congruence linéaire commune aux complexes du système à deux termes. Donc :

Quatre complexes linéaires, non compris dans un même système à trois termes, ont, en général, deux droites communes Δ, Δ'.

La congruence dont Δ, Δ' sont les directrices est le lieu des directrices des complexes spéciaux du système.

Accidentellement, Δ et Δ' peuvent coïncider : la congruence des directrices des complexes spéciaux est alors singulière.

Enfin, il y a le cas où tous les complexes du système à deux termes complémentaires Σ_0 sont spéciaux. Soit (F, Φ) le faisceau plan formé par les directrices de ces complexes spéciaux. Les complexes du système à quatre termes ont alors (d'après un théorème établi n° 37) toutes les droites du faisceau (F, Φ) en commun, et pas d'autres.

Les complexes de ce système à quatre termes sont alors définis par la propriété d'admettre un faisceau plan de droites donné (F, Φ).

Comme dans les cas précédents, on pourrait introduire la forme en λ, μ, ν, ρ,

$$\Omega(a\lambda + b\mu + c\nu + d\rho) = 0,$$

et son discriminant

$$\begin{vmatrix} \Omega(a) & \Omega(a\mid b) & \Omega(a\mid c) & \Omega(a\mid d) \\ \Omega(b\mid a) & \Omega(b) & \Omega(b\mid c) & \Omega(b\mid d) \\ \Omega(c\mid a) & \Omega(c\mid b) & \Omega(c) & \Omega(c\mid d) \\ \Omega(d\mid a) & \Omega(d\mid b) & \Omega(d\mid c) & \Omega(d) \end{vmatrix},$$

lequel est un combinant. Si ce discriminant n'est pas nul, on est dans le cas général. S'il est nul, les droites Δ, Δ' coïncident.

Si ses mineurs du premier ordre sont nuls, tous ensemble, on est dans le cas où les complexes ont en commun un faisceau plan de droites.

Je laisse au lecteur le soin de démontrer ces résultats, si analogues à ceux que nous avons déjà rencontrés pour les systèmes à trois termes. On verra que la forme en λ, μ, ν, ρ ne peut être nulle identiquement, ni même être un carré parfait.

44. Nous compléterons cette étude des systèmes linéaires de complexes par une remarque concernant les systèmes à cinq termes.

Soit A, B, C, D, E cinq complexes non contenus dans un même système à quatre termes. Si l'on résout les cinq équations

$$A = 0, \quad B = 0, \quad C = 0, \quad D = 0, \quad E = 0,$$

les valeurs de $x_1, \ldots, x_6$ correspondantes ne vérifieront pas, en général, l'équation

$$\omega(x) = 0,$$

en un mot, cinq complexes linéaires n'ont pas, en général, de droite commune.

Le système complémentaire se réduit à un complexe linéaire unique, comme nous l'avons fait remarquer au n° 37, et, d'après les résultats obtenus au même endroit, puisque les droites communes aux complexes d'un système sont les directrices des complexes spéciaux du système conjugué, cinq complexes linéaires non compris dans un même système à quatre termes ne peuvent avoir qu'une seule droite commune, à savoir la directrice du complexe complémentaire, lequel *encore devra être spécial.*

Réciproquement, les complexes linéaires qui contiennent une droite donnée z forment un système à cinq termes, à savoir le système complémentaire du système à un terme constitué par le complexe linéaire dont z est la directrice.

45. Au cours de cette exposition, nous avons introduit successivement les invariants $\Omega(a)$, $\Phi(a \mid b)$, $\Psi(a \mid b \mid c)$, et nous en avons indiqué un autre relatif aux systèmes à quatre termes; le système à cinq termes a aussi un invariant. On peut représenter ces combinants d'une façon uniforme comme il suit. Soit

$$\omega(x) = \Sigma \omega_{ik} x_i x_k$$

la forme fondamentale, on a, à un facteur constant près, cette expression de $\Omega(a)$

$$\begin{vmatrix} \omega_{11} & \omega_{12} & \ldots & \omega_{16} & a_1 \\ \omega_{21} & \omega_{22} & \ldots & \omega_{26} & a_2 \\ \ldots & \ldots & \ldots & \ldots & \ldots \\ \omega_{61} & \omega_{62} & \ldots & \omega_{66} & a_6 \\ a_1 & a_2 & \ldots & a_6 & 0 \end{vmatrix}.$$

On aura de même pour $\Phi(a \mid b)$

$$\begin{vmatrix} \omega_{11} & \ldots & \omega_{16} & a_1 & b_1 \\ \ldots & \ldots & \ldots & \ldots & \ldots \\ \omega_{61} & \ldots & \omega_{66} & a_6 & b_6 \\ a_1 & \ldots & a_6 & 0 & 0 \\ b_1 & \ldots & b_6 & 0 & 0 \end{vmatrix},$$

et pour $\Psi(a\,|\,b\,|\,c)$,

$$\begin{vmatrix} \omega_{11} & \dots & a_{16} & a_1 & b_1 & c_1 \\ \dots & \dots & \dots & \dots & \dots & \dots \\ \omega_{61} & \dots & \omega_{66} & a_6 & b_6 & c_6 \\ a_1 & \dots & a_6 & 0 & 0 & 0 \\ b_1 & \dots & b_6 & 0 & 0 & 0 \\ c_1 & \dots & c_6 & 0 & 0 & 0 \end{vmatrix}.$$

L'invariant d'un système à quatre termes s'obtiendra en bordant, à droite et en bas, avec une ligne de plus $d_1 \dots d_6\, 0\,0\,0\,0$; en ajoutant encore une autre bordure à droite et en bas $e_1 \dots e_6\, 0\,0\,0\,0\,0$, on aura l'invariant du système à cinq termes. Cet invariant s'annule si les complexes du système ont une droite commune, c'est-à-dire si le complexe complémentaire est spécial.

46. Faisons enfin remarquer, en terminant ce Chapitre, qu'il résulte de la discussion précédente que tout complexe P qui contient les droites communes à p autres A, B, ..., D, *non contenus* dans un même système à $(p-1)$ termes ou à un nombre de termes moindre que $(p-1)$, fait partie du système à p termes

$$P = \lambda A + \mu B + \dots + \rho D = 0.$$

Le lecteur vérifiera facilement cette remarque que je me contente ici d'énoncer.

CHAPITRE IV.

PRINCIPES DE GÉOMÉTRIE INFINITÉSIMALE EN COORDONNÉES DE DROITES.

Surfaces gauches. — Corrélation de Chasles. — Quadriques de raccordement et congruence des tangentes. — Hyperboloïde osculateur. — Contact d'une surface gauche avec un complexe linéaire. — Contact des divers ordres. Série réglée à enveloppe. — Faisceau osculateur. — Cas du cône et de la courbe plane. — Théorème sur les courbes dont les tangentes font partie d'un complexe linéaire. — Éléments de contact de Lie. — Faisceaux plans dépendant d'un paramètre. — Bandeaux. — Théorème général sur les faisceaux plans à enveloppes. — Propriétés infinitésimales du premier ordre des complexes de droites. — Complexes tangents. — Corrélation normale. — Ses propriétés. — Faisceaux plans d'un complexe. — Invariant de Klein. — Droites singulières. — Surface de singularités. — Théorème de Pasch. — Complexes singuliers. — Théorème de Cayley et Klein. — Congruences. — Surfaces focales. — Couples focaux. — Développables. — Complexes linéaires tangents. — Cas particuliers. — Invariant. — Congruences de tangentes asymptotiques. — Cas de dégénérescence.

47. Nous allons, dans ce Chapitre, développer les *premiers principes* de Géométrie infinitésimale en coordonnées de droites.

Supposons qu'une droite x dépende d'un paramètre t; elle engendre une série réglée qui peut constituer une surface gauche, une développable, un cône ou l'ensemble des tangentes d'une courbe plane.

Examinons d'abord le cas où la série constitue une surface gauche. On sait que la distribution des plans tangents en chaque point d'une génératrice rectiligne s'opère au moyen d'une corrélation homographique, dont nous avons déjà parlé, et que nous appelons la *corrélation* de Chasles.

L'ensemble des tangentes à la surface en tous les points de la génératrice x constitue une congruence linéaire singulière; tous les complexes linéaires qui contiennent cette congruence définissent sur x la même corrélation normale, à savoir la corrélation de Chasles.

Ces complexes forment un système à deux termes facile à représenter.

On peut regarder la congruence des tangentes comme l'ensemble des droites assujetties à couper les droites voisines x et $x + x'dt$, où $x' = \frac{dx}{dt}$. Elle est donc définie par les deux équations suivantes, où y est la droite courante,

$$2\omega(x \mid y) = \sum \frac{\partial\omega}{\partial x_i} y_i = 0,$$

$$2\omega(x + dx \mid y) = \sum \left[\frac{\partial\omega}{\partial x_i} + \frac{\partial\,\omega(x')}{\partial x'_i} dt \right] y_i = 0,$$

c'est-à-dire

(1) $$\sum \frac{\partial\,\omega(x)}{\partial x_i} y_i = 0, \qquad \sum \frac{\partial\,\omega(x')}{\partial x'_i} y_i = 0.$$

Le système à deux termes considéré aura donc pour équation

(2) $$\sum \left[\lambda \frac{\partial\,\omega(x)}{\partial x_i} + \mu \frac{\partial\,\omega(x')}{\partial x'_i} \right] y_i = 0,$$

ou encore

(3) $$\omega(\lambda x + \mu x' \mid y) = 0.$$

On voit qu'il ne contient qu'un seul complexe spécial, car les complexes spéciaux du système, d'après la forme de l'équation (3), auront pour directrices des droites dont les coordonnées seront comprises dans la formule

$$\lambda x_i + \mu x'_i;$$

or ces expressions ne sont les coordonnées d'une droite que si

$$\omega(\lambda x + \mu x') = 0,$$

c'est-à-dire, si

$$\omega(x)\lambda^2 + 2\omega(x \mid x')\lambda\mu + \omega(x')\mu^2 = 0,$$

ou enfin, si

$$\omega(x')\mu^2 = 0,$$

car

$$\omega(x) = 0, \qquad 2\omega(x \mid x') = \frac{d\,\omega(x)}{dt} = 0.$$

Il se pourrait que $\omega(x')$ fut nul; mais alors, comme nous le verrons plus loin, la série réglée ne constitue plus une surface gauche. Dans l'hypothèse où nous nous plaçons, il n'y a donc qu'une seule solution, à savoir

$$\mu = 0.$$

On dit de deux surfaces réglées qu'elles se raccordent suivant une génératrice commune si, en chaque point de cette génératrice, le plan tangent est le même, ce qui exige que la corrélation de Chasles soit la même pour les deux surfaces. Il y a une infinité d'hyperboloïdes et de paraboloïdes qui remplissent cette condition, ce sont les *quadriques de raccordement;* dont l'usage est si répandu en Géométrie descriptive. Toute quadrique contenue dans la congruence linéaire des tangentes est évidemment une quadrique de raccordement.

48. Je désigne par C_x cette congruence linéaire; il est clair que la droite voisine donne lieu à une autre congruence $C_x + dx$; on peut démontrer que *ces deux congruences ont en commun une même demi-quadrique.*

En effet, les équations (1) représentent C_x; si l'on y change x en $x + x'\,dt$ et x' en $x' + x''\,dt$, où $x''_i = \frac{dx'_i}{dt}$, on aura la représentation de $C_x + dx$; on trouve ainsi

$$(4)\qquad \left\{\begin{aligned} &\sum\left[\frac{\partial\,\omega(x)}{\partial x_i} + \frac{\partial\,\omega(x')}{\partial x'_i}\,dt\right] y_i = 0,\\ &\sum\left[\frac{\partial\,\omega(x')}{\partial x'_i} + \frac{\partial\,\omega(x'')}{\partial x''_i}\,dt\right] y_i = 0;\end{aligned}\right.$$

ces équations, jointes aux équations (1), ne donnent en tout que trois équations

$$(5)\qquad \sum\frac{\partial\,\omega(x)}{\partial x_i}\,y_i = 0, \qquad \sum\frac{\partial\,\omega(x')}{\partial x'_i}\,y_i = 0, \qquad \sum\frac{\partial\,\omega(x'')}{\partial x''_i}\,y_i = 0.$$

Ces trois équations sont celles de trois complexes, qui ont en commun une demi-quadrique $\mathfrak{Q}$.

Une droite quelconque y de cette demi-quadrique doit, d'après les équations (5), couper trois droites consécutives de la surface réglée; ces droites y sont donc les tangentes asymptotiques du second système menées en tous les points de la droite x; la demi-quadrique $\mathfrak{Q}$ est ainsi constituée par un système de génératrices de l'*hyperboloïde osculateur* de la surface.

49. La demi-quadrique complémentaire $\mathfrak{Q}_0$ se trouve reliée à la théorie générale du contact d'une surface réglée avec un complexe linéaire.

Soit un complexe linéaire

$$\Sigma\xi_i x_i = 0,$$

nous dirons qu'il a, avec une surface réglée donnée, un contact du $p^{\text{ième}}$ ordre s'il contient $(p+1)$ génératrices consécutives de la surface.

Les complexes tangents vérifient donc les deux équations

$$\Sigma\xi_i x_i = 0, \qquad \Sigma\xi_i x'_i = 0,$$

lesquelles indiquent que ces complexes linéaires tangents forment un système à quatre termes, complémentaire du système à deux termes représenté par l'équation (2).

Considérons maintenant les complexes qui ont, avec la surface, un contact du second ordre; ils sont soumis aux conditions

$$(6) \qquad \Sigma\xi_i x_i = 0, \qquad \Sigma\xi_i x'_i = 0 \qquad \Sigma\xi_i x''_i = 0.$$

Ces équations ne se réduiraient à deux que si l'on avait les six relations

$$\alpha x''_i + \beta x'_i + \gamma x_i = 0, \qquad i = 1, 2, \ldots 6);$$

or, dans ce cas, les x_i étant solutions d'une même équation du second ordre, on pourrait poser

$$x_i = C_i T + C'_i T_0,$$

les C_i, C'_i désignant des constantes, et T, T_0 des fonctions de t : la série réglée se réduirait à un faisceau plan.

Les équations (6) étant supposées distinctes, les complexes qu'elles définissent forment un système à *trois* termes.

Le système complémentaire nous est connu, c'est le système

$$(7) \qquad \sum\left[\lambda\frac{\partial\,\omega(x)}{\partial x_i} + \mu\frac{\partial\,\omega(x')}{\partial x'_i} + \nu\frac{\partial\,\omega(x'')}{\partial x''_i}\right]y_i = 0,$$

lequel comprend tous les complexes linéaires qui contiennent la demi-quadrique $\mathfrak{Q}$.

En effet, l'involution du complexe (7) avec le complexe ξ s'écrit

$$(8) \qquad 2\Omega(\xi\,|\,u) = \sum\frac{\partial\,\Omega(u)}{\partial u_i}\xi_i = 0,$$

en posant

$$u_i = \lambda\frac{\partial\,\omega(x)}{\partial x_i} + \mu\frac{\partial\,\omega(x')}{\partial x'_i} + \nu\frac{\partial\,\omega(x'')}{\partial x''_i},$$

et, comme de cette équation de définition on tire

$$\lambda x_i + \mu x'_i + \nu x''_i = \frac{\partial\,\Omega(u)}{\partial u_i},$$

l'équation (8) s'écrit

$$\lambda\Sigma\xi_i x_i + \mu\Sigma\xi_i x'_i + \nu\Sigma\xi_i x''_i = 0.$$

Tous les complexes (7) sont ainsi en involution avec les complexes ξ qui vérifient les équations (6).

Les complexes ξ ont donc bien en commun la demi-quadrique $\mathfrak{Q}_0$, complémentaire de la quadrique $\mathfrak{Q}$, c'est-à-dire les génératrices de l'hyperboloïde osculateur de même système que x.

50. Considérons maintenant les complexes qui ont, avec la surface, un triple contact; ils sont définis par les quatre équations

$$(9)\qquad \Sigma\xi_i x_i = 0, \qquad \Sigma\xi_i x'_i = 0, \qquad \Sigma\xi_i x''_i = 0, \qquad \Sigma\xi_i x'''_i = 0,$$

lesquelles sont distinctes, à moins que l'on n'ait six équations de la forme

$$\alpha x'''_i + \beta x''_i + \gamma x'_i + \delta x_i = 0.$$

Or, si cela a lieu, les x_i ont la forme

$$(10)\qquad x_i = C_i T + C'_i T_0 + C''_i T_{00},$$

où les C sont des constantes, et T, T_0, T_{00} trois fonctions de t.

Formons

$$\omega(x) = \omega(CT + C'T_0 + C''T_{00}) = 0,$$

ou, en développant,

$$\omega(C)T^2 + \omega(C')T_0^2 + \omega(C'')T_{00}^2 + 2\omega(C \mid C')TT_0 + 2\omega(C \mid C'')TT_{00} + 2\omega(C' \mid C'')T_0T_{00} = 0.$$

Si les coefficients de cette forme en T, T_0, T_{00} sont nuls identiquement, la droite x est contenue dans un hyperfaisceau fixe; la série réglée est formée des génératrices d'un cône ou des tangentes d'une courbe. Ce cas exclu, il peut se faire encore que l'équation quadratique ci-dessus ne soit pas identique. Mais alors on vérifie cette équation en prenant pour T, T_0, T_{00} des polynômes du second degré d'un paramètre s, que l'on peut substituer au paramètre t. Les formules (10) prennent la forme

$$x_i = D_i s^2 + D'_i s + D''_i.$$

La série réglée est alors une demi-quadrique.

Ce nouveau cas exclu, les équations (9) sont distinctes, et les complexes ξ, qui les vérifient, forment un système à quatre termes. Le système à deux termes complémentaire comprend deux complexes spéciaux, dont les directrices Δ, Δ' possèdent la propriété, en vertu des équations (9), de couper quatre génératrices consécutives de la surface. Ces droites Δ et Δ' ont donc un contact du troisième ordre avec la surface, chacune en un point de la droite x.

Si l'on considère l'hyperboloïde osculateur relatif à une droite x et l'hyperboloïde osculateur relatif à la droite voisine $x + dx$, ces deux hyperboloïdes se coupent suivant deux génératrices voisines de x et suivant deux autres génératrices du système opposé. Ces deux génératrices sont les droites Δ et Δ'.

Considérons enfin un complexe linéaire qui ait un contact du quatrième ordre avec la surface réglée. On devra avoir

$$\Sigma\xi_i x_i = 0, \qquad \Sigma\xi_i x'_i = 0, \qquad \Sigma\xi_i x''_i = 0, \qquad \Sigma\xi_i x'''_i = 0, \qquad \Sigma\xi_i x^{\text{IV}}_i = 0,$$

et ces cinq équations, si elles sont distinctes, définiront les rapports des ξ; le complexe sera parfaitement déterminé.

Il n'y aurait indétermination que s'il existait six équations de la forme

$$\alpha x_i^{\text{IV}} + \beta x_i''' + \gamma x_i'' + \delta x_i' + \varepsilon x_i = 0,$$

équations qui prouvent que, entre les x_i, il existe au moins deux relations linéaires à coefficients constants.

La surface ou série réglée fait donc partie, dans ce cas, d'une congruence linéaire. Les surfaces réglées contenues dans une congruence linéaire jouent un rôle fort important et nous les retrouverons plus loin. Pour elles, le complexe *osculateur* est forcément indéterminé.

Si l'on considère les complexes osculateurs relatifs à deux droites voisines x et $x + dx$ d'une surface réglée, les directrices de leur congruence commune sont les droites Δ et Δ' déjà définies.

Trois complexes osculateurs consécutifs ont en commun la demi-quadrique $\mathcal{Q}_0$ déjà définie.

Quatre complexes osculateurs consécutifs ont en commun deux droites *infiniment voisines* de la droite x.

Le lecteur prouvera aisément ces propriétés. La dernière montre que, si l'on prend arbitrairement un complexe linéaire dépendant d'un paramètre, ce complexe n'est pas toujours osculateur à une surface réglée; car quatre complexes consécutifs du système se coupent suivant deux droites qui sont généralement distinctes.

51. On a exclu, jusqu'ici, l'hypothèse de $\omega(x') = 0$. Soit maintenant

$$\omega(x') = 0.$$

Les complexes (2) sont tous spéciaux, et les x_i' sont les coordonnées d'une droite x' qui est la directrice de l'un de ces complexes. Les droites x, x' se coupent en un point O et ont en commun un plan π; les droites du faisceau plan (O, π) sont précisément les directrices des complexes (2). La congruence C_x des droites qui coupent deux droites consécutives x et $x + x'dt$ se décompose donc ici dans l'ensemble des droites du plan π et l'ensemble des droites issues du point O.

On peut dire que les droites consécutives x et $x + x'dt$ se coupent au point O et ont en commun le plan π. On peut même apprécier à quel ordre infinitésimal près cette rencontre a lieu.

En effet, la condition de rencontre de deux droites x et z peut s'écrire

$$\omega(z - x) = \omega(z) + \omega(x) - 2\omega(z \mid x) = -2\omega(z \mid x) = 0,$$

attendu que $\omega(x) = 0$, $\omega(z) = 0$. Prenons

$$z_i = x_i + x'_i \Delta t + x''_i \frac{\Delta t^2}{2} + x'''_i \frac{\Delta t^3}{6} + \ldots,$$

et l'on trouve sans peine

$$\omega(z - x) = \omega(x') \Delta t^2 + \frac{1}{2} \frac{d\omega(x')}{dt} \Delta t^3 + \left[\frac{1}{6} \frac{d^2 \omega(x')}{dt^2} - \frac{1}{12} \omega(x'')\right] \Delta t^4 + \ldots.$$

Si donc $\omega(x')$ est nul pour chaque droite de la série réglée, $\omega(z - x)$, qui est généralement du deuxième ordre, se réduit au quatrième

(11) $$\omega(z - x) = -\tfrac{1}{12} \omega(x'') \Delta t^4 + \ldots;$$

on retrouve là, sous une autre forme, une propriété mise en évidence pour la première fois par M. Bouquet.

Nous verrons, en effet, que, si l'on fait usage d'éléments métriques, $\omega(z - x)$ est proportionnel au produit de la plus courte distance p des droites x et z par le sinus de leur angle ε ou par cet angle lui-même, soit

$$p\varepsilon.$$

Si l'on prend comme infiniment petit principal l'élément ε de l'arc de l'indicatrice sphérique des génératrices de la série réglée, $p\varepsilon$ sera d'un ordre infinitésimal supérieur d'une unité à celui de p. Si donc $\omega(x')$ est nul, $p\,\varepsilon$ étant du quatrième ordre, p sera du troisième, et c'est là justement le théorème de M. Bouquet.

En général, la série réglée sera formée des tangentes d'une courbe gauche. Le point O de rencontre des droites consécutives sera le point de contact de la courbe avec x, et le plan π sera le plan osculateur. D'après cela, les droites du faisceau plan (O, π), que j'appellerai le *faisceau plan osculateur*, auront une représentation de la forme

(12) $$x_i + \lambda x'_i.$$

Cette représentation nous sera très utile.

52. Il se pourrait, cependant, que la série réglée fût formée des génératrices d'un cône ou des tangentes d'une courbe plane; mais alors les formules prennent un caractère très spécial. On remarque, en effet, que deux droites quelconques de la série réglée se coupent dans ce cas, puisqu'elles font toutes partie d'un même hyperfaisceau (gerbe ou système plan). L'expression $\omega(z - x)$ doit donc être rigoureusement nulle, et, par suite, il faudra avoir

$$\omega(x'') = 0,$$

car le terme Δt^4 doit disparaître. Il est inutile de chercher à exprimer que les termes en Δt^5, ... disparaissent. Je vais, en effet, prouver que, si l'on a

$$\omega(x'') = 0,$$

la série réglée est contenue dans un hyperfaisceau.

On tire, en effet, des équations

$$\omega(x) = 0, \qquad \omega(x') = 0, \qquad \omega(x'') = 0,$$

par différentiation, l'ensemble des équations

$$\begin{array}{lll} \omega(x \mid x) \;\; = 0, & \omega(x' \mid x) \;\; = 0, & \omega(x'' \mid x) \;\; = 0, \\ \omega(x \mid x') \;\; = 0, & \omega(x' \mid x') \;\; = 0, & \omega(x'' \mid x') \;\; = 0, \\ \omega(x \mid x'') \;\; = 0, & \omega(x' \mid x'') \;\; = 0, & \omega(x'' \mid x'') \;\; = 0, \\ \omega(x \mid x''') = 0, & \omega(x' \mid x''') = 0, & \omega(x'' \mid x''') = 0, \end{array}$$

qui peuvent se résumer en disant que $(x_1, x_2, \ldots, x_6)$, $(x'_1, x'_2, \ldots, x'_6)$, $(x''_1, x''_2, \ldots, x''_6)$, $(x'''_1, x'''_2, \ldots, x'''_6)$ sont quatre systèmes de solutions des équations linéaires en $u_1, u_2, \ldots, u_6$

$$(13) \qquad \left\{ \begin{aligned} 2\,\omega(x \mid u) &= \sum \frac{\partial \omega(x)}{\partial x_i} u_i = 0, \\ 2\,\omega(x' \mid u) &= \sum \frac{\partial \omega(x')}{\partial x'_i} u_i = 0, \\ 2\,\omega(x'' \mid u) &= \sum \frac{\partial \omega(x'')}{\partial x''_i} u_i = 0. \end{aligned} \right.$$

Ces trois équations en u_i sont distinctes, car, s'il existait une identité de la forme

$$\lambda\, \omega(x \mid u) + \mu\, \omega(x' \mid u) + \nu\, \omega(x'' \mid u) = 0,$$

on aurait

$$\lambda \frac{\partial \omega(x)}{\partial x_i} + \mu \frac{\partial \omega(x')}{\partial x'_i} + \nu \frac{\partial \omega(x'')}{\partial x''_i} = 0$$

ou

$$\frac{\partial \omega(\lambda x + \mu x' + \nu x'')}{\partial(\lambda x_i + \mu x'_i + \nu x''_i)} = 0 \qquad (i = 1, 2, \ldots, 6),$$

et, comme ω a son discriminant non nul, cela exigerait que l'on eût

$$\lambda x_i + \mu x'_i + \nu x''_i = 0 \qquad (i = 1, 2, \ldots, 6).$$

Nous avons déjà vu que, dans ce cas, la série réglée est un faisceau plan.

Dès lors, les trois équations (13) étant distinctes et ayant lieu entre six variables, tout système de solutions de ces équations se déduit linéairement de trois autres systèmes particuliers, mais indépendants. Il doit donc exister des relations de la forme

$$\alpha x'''_i + \beta x''_i + \gamma x'_i + \delta x_i = 0,$$

qui prouvent que les x_i ont pour expression générale

$$x_i = a_i R + b_i S + c_i T,$$

où R, S, T sont trois fonctions de t, et a_i, b_i, c_i des constantes. On reconnaît bien ainsi que la série réglée est contenue dans un hyperfaisceau. Elle est donc un cône ou l'ensemble des tangentes d'une courbe plane.

53. Comme application des remarques précédentes, démontrons ce théorème :

Si les tangentes d'une courbe appartiennent à un complexe linéaire, le plan osculateur π, *en un point* O *de la courbe, est le plan polaire de ce plan dans le complexe.*

Il suffit de prouver que les droites du faisceau plan osculateur

$$z_i = \lambda x_i + \mu x'_i$$

font toutes partie du complexe.

Or, en effet, on a, en faisant

$$A = \Sigma a_i x_i,$$

où $\Sigma a_i x_i = 0$ est l'équation du complexe linéaire,

$$\Sigma a_i z_i = \lambda A + \mu \frac{dA}{dt} = 0,$$

puisque $A = 0$ pour toutes les tangentes de la courbe.

54. Dans ses recherches sur la théorie du contact, M. Lie a introduit la notion de ce qu'il appelle l'*élément de contact,* c'est-à-dire l'ensemble d'un point et d'un plan mené par ce point (point et plan unis n° 3).

Nous avons rencontré l'élément de contact dans les Chapitres précédents, soit sous la forme d'un faisceau plan de droites, soit comme un couple d'éléments correspondants d'une correspondance entre les points et les plans d'une droite.

Nous allons donner quelques propriétés simples des faisceaux plans dans l'espace, en supposant d'abord que le point et le plan dépendent d'un même paramètre.

Par exemple, si x est une droite variable douée d'une enveloppe, nous savons que

$$x_i + \lambda x'_i$$

représente un faisceau plan variable, le faisceau osculateur.

Soient, plus généralement, un faisceau quelconque (o, π) et a, b deux droites de ce faisceau, dépendant d'un paramètre t. Toute droite z du faisceau sera représentée par

$$z_i = a_i \lambda + b_i \mu.$$

Je considère une droite variable quelconque C passant au point O et dépendant aussi du paramètre t, la gerbe des droites issues de O sera représentée par

$$z_i = a_i \lambda + b_i \mu + c_i \nu;$$

à chaque valeur de $\lambda : \mu : \nu$ correspond une droite z de la gerbe, et si $\lambda : \mu : \nu$ sont fonctions de t, la droite z se déplace avec le point O. Cherchons ce que sont λ, μ, ν lorsque z est précisément la tangente à la courbe lieu du point O.

Il suffit d'écrire que $\lambda : \mu : \nu$ sont des fonctions de t telles que la droite z a une enveloppe qu'elle touche au point O, ou d'exprimer que le faisceau osculateur a deux de ses droites dans la gerbe. La droite z est déjà une droite du faisceau; il suffit donc d'écrire que la droite z', dont les coordonnées sont $z'_1, \ldots, z'_6$, fait partie de la gerbe ou que

$$z'_i = a_i \varepsilon + b_i \varepsilon_1 + c_i \varepsilon_2,$$

c'est-à-dire

$$a'_i \lambda + b'_i \mu + c'_i \nu + a_i \lambda' + b_i \mu' + c_i \nu' = a_i \varepsilon + b_i \varepsilon_1 + c_i \varepsilon_2,$$

équations de la forme

$$a'_i \lambda + b'_i \mu + c'_i \nu = a_i \rho + b_i \sigma + c_i \tau. \tag{14}$$

Je multiplie par $\frac{\partial \omega(a)}{\partial a_i}$ et je somme de $i = 1$ à $i = 6$; il vient

$$\omega(a \mid a')\lambda + \omega(a \mid b')\mu + \omega(a \mid c')\nu = \omega(a)\rho + \omega(a \mid b)\sigma + \omega(a \mid c)\tau = 0,$$

car

$$\omega(a) = 0, \qquad \omega(a \mid b) = 0, \qquad \omega(a \mid c) = 0.$$

On a aussi

$$\omega(a \mid a') = 0,$$

il reste donc

$$\omega(a \mid b')\mu + \omega(a \mid c')\nu = 0.$$

Mais comme $\omega(a \mid c) = 0$, on a

$$\frac{d\,\omega(a \mid c)}{dt} = \omega(a' \mid c) + \omega(a \mid c') = 0,$$

et, par suite, l'équation obtenue peut s'écrire

$$\omega(a \mid b')\mu - \omega(c \mid a')\nu = 0.$$

On trouverait de même

$$\omega(a \mid b')\lambda - \omega(b \mid c')\nu = 0,$$
$$\omega(c \mid a')\lambda - \omega(b \mid c')\mu = 0$$

et, en définitive,

$$\frac{\lambda}{\omega(b \mid c')} = \frac{\mu}{\omega(c \mid a')} = \frac{\nu}{\omega(a \mid b')}. \tag{15}$$

Pareillement, si nous prenons une droite e dans le plan π, toute droite de ce plan aura une représentation de la forme

$$z_i = \lambda_1 a_i + \mu_1 b_i + \nu_1 e_i.$$

Si l'on veut, en particulier, les $\lambda_1 : \mu_1 : \nu_1$, qui donnent la droite de contact du plan π avec son enveloppe (caractéristique), on trouvera

$$\frac{\lambda_1}{\omega(b \mid e')} = \frac{\mu_1}{\omega(e \mid a')} = \frac{\nu_1}{\omega(a \mid b')}. \tag{15'}$$

Les droites c et e ne jouent ici qu'un rôle auxiliaire.

55. En général, la tangente D au lieu du point O n'est pas dans le plan π, et la caractéristique Δ du plan π ne passe pas au point O.

Pour que D soit dans le plan π, c'est-à-dire fasse partie du faisceau (o, π), il faut et il suffit que l'on ait

$$\nu = 0,$$

c'est-à-dire

$$\omega(a \mid b') = 0;$$

mais c'est aussi la condition pour que $\nu_1 = 0$, c'est-à-dire pour que la droite Δ fasse aussi partie du faisceau (o, π).

Si un faisceau plan dépendant d'un paramètre contient à chaque instant la tangente au lieu de son centre O, il contient donc aussi la caractéristique de son plan π et inversement.

Ce théorème est évident par la Géométrie : le plan π roule sur une courbe C, qu'il touche au point O, et la génératrice de la développable engendrée par le plan passe au point O. J'appellerai *bandeau* les systèmes de faisceaux plans ainsi définis. Ils équivalent géométriquement au système formé par une courbe et une développable menée par elle.

Les bandeaux sont caractérisés par l'équation

$$\omega(a \mid b') = 0.$$

Il est du reste facile, dans ce cas, d'avoir les droites D et Δ en n'ayant recours qu'à la représentation du faisceau et sans faire appel aux droites auxiliaires c et e.

Supposons que $\lambda : \mu$ ait été pris de façon que

$$\lambda a_i + \mu b_i$$

soient les coordonnées de la tangente à la courbe lieu du point O, laquelle, par hypothèse, appartient au faisceau.

Les équations (14) donnent, puisque ν est nul,

$$a'_i\lambda + a'_i\mu = \rho a_i + \sigma b_i + \tau c_i,$$

d'où

$$\omega(a'\lambda + b'\mu) = \omega(\rho a + \sigma b + \tau c) = 0;$$

on a donc

$$\omega(a')\lambda^2 + 2\omega(a' \mid b')\lambda\mu + \omega(b')\mu^2 = 0, \tag{16}$$

équation qui donne pour $\lambda : \mu$ deux valeurs : l'une fournira la tangente à la courbe lieu du point O; l'autre, comme on le voit aisément, donnera la caractéristique du plan.

56. Il y a coïncidence de ces droites, si

$$[\omega(a' \mid b')]^2 - \omega(a')\omega(b') = 0. \tag{17}$$

Supposons, pour simplifier, que a soit justement la tangente au lieu du point O; cela est toujours permis. On a, dans ce cas,

$$\omega(a') = 0,$$

puisque a est tangente à une courbe.

Nous pouvons donc regarder les a'_i comme les coordonnées d'une droite a', laquelle, comme on va le voir, fait partie du faisceau $(0, \pi)$. L'équation (17), puisque $\omega(a') = 0$, donne en effet

$$\omega(b' \mid a') = 0,$$

en sorte que la droite a' fait partie du complexe linéaire

$$\omega(b' \mid x) = 0. \tag{18}$$

Ce complexe ne serait spécial que si l'on avait $\omega(b') = 0$. Si le point O ou le plan π ne sont pas fixes l'un ou l'autre, auquel cas toutes les droites des faisceaux considérés se couperaient, on peut toujours supposer que la droite b du faisceau n'a pas d'enveloppe et que $\omega(b')$ n'est pas nul.

Les équations

$$\omega(b' \mid a) = 0, \qquad \omega(b' \mid b) = 0$$

prouvent que les droites a, b font partie du complexe (18) et que π est le plan polaire du point O. La droite a' du complexe étant issue de O doit donc être dans le plan π.

Le faisceau $(0, \pi)$ *est donc le faisceau osculateur de la courbe lieu du point* O.

Si les a' sont tous nuls ou proportionnels aux a, le raisonnement tombe en défaut; mais alors la droite a est fixe, le point O et le plan π sont un point et un plan de cette droite fixe qui, puisqu'ils dépendent d'un même paramètre, constituent deux éléments homologues d'une certaine correspondance donnée *a priori* entre les points et les plans de a. Il est à retenir qu'un pareil ensemble possède les propriétés des faisceaux osculateurs d'une courbe gauche.

Enfin il se pourrait que le point O ou bien le plan π fût fixe. On a, dans ces deux cas,

$$\omega(a') = 0, \qquad \omega(b') = 0, \qquad \omega(a' \mid b') = 0.$$

57. Je vais actuellement m'occuper des faisceaux plans qui dépendent de plusieurs paramètres.

Je rappellerai d'abord une proposition générale concernant ces faisceaux plans.

Prenons un système d'axes rectangulaires et soient x, y, z les coordonnées d'un point O; l'équation d'un plan π mené par O sera

$$Z - z = p(X - x) + q(Y - y),$$

en sorte que le système $(0, \pi)$ sera défini par les cinq quantités x, y, z, p, q.

Supposons que ces quantités dépendent de *plusieurs* paramètres et que, de plus, lorsque ces paramètres varient, le déplacement du point O ait lieu, au second ordre près, dans le plan π; autrement dit, quelle que soit la loi de variation des paramètres, la tangente au lieu du point O sera dans le plan π.

Nous devrons avoir, d'après cette hypothèse,

$$dz - p\,dx - q\,dy = 0.$$

Cette équation prouve qu'il existe au moins une relation entre x, y, z.

Nous envisagerons donc successivement les hypothèses où entre x, y, z il existerait une, deux ou trois relations.

S'il n'y a qu'une relation

$$z = \varphi(x, y),$$

on en tire

$$dz = \frac{\partial\varphi}{\partial x}\,dx + \frac{\partial\varphi}{\partial y}\,dy,$$

d'où

$$\left(p - \frac{\partial\varphi}{\partial x}\right)dx + \left(q - \frac{\partial\varphi}{\partial y}\right)dy = 0.$$

Si les coefficients de dx, dy n'étaient pas nuls, il existerait entre x, y une relation, ce qui ferait une seconde relation entre x, y; on a donc ici

$$p = \frac{\partial\varphi}{\partial x}, \qquad q = \frac{\partial\varphi}{\partial y},$$

ce qui prouve que le système des faisceaux (o, π) est constitué par les points d'une surface et le plan tangent en chacun de ces points.

Admettons qu'il existe deux relations

$$z = \varphi(x), \qquad y = \psi(x),$$

nous aurons

$$dz = \varphi'(x)\,dx, \qquad dy = \psi'(x)\,dx,$$

d'où

$$[\varphi'(x) - p - q\,\psi'(x)]\,dx = 0.$$

Si dx était nul, il y aurait trois relations entre x, y, z, ce n'est pas le cas. On a donc

$$\varphi'(x) - p - q\,\psi'(x) = 0,$$

et il n'y a pas d'autre relation entre x, y, z, p, q, car z, y, p, q seraient fonctions de la seule variable x, et les faisceaux ne dépendraient pas de *plusieurs* paramètres.

Nous avons donc ici l'ensemble des faisceaux obtenus en associant à chaque point d'une courbe un plan tangent *quelconque* à la courbe en ce point.

Si enfin trois relations existent entre x, y, z, alors on a des faisceaux dont le point est fixe; le plan seul devant être variable et contenir au moins deux paramètres, le plan devra être l'un quelconque de ceux qui passent au point fixe.

Comme cas particulier des surfaces, on a la développable qui donne des faisceaux dans lesquels le plan ne dépend que d'un paramètre, et le plan qui fournit des faisceaux dont le plan est fixe et dont le point est quelconque dans ce plan. Ces deux cas sont dualistiques des deux que l'on a considérés en premier lieu.

Un cas intermédiaire est celui des faisceaux obtenus en associant chaque point d'une droite à un point de cette droite. Dans ce cas, en effet, le point ne dépend que d'un paramètre, le plan dépend d'un autre et ces deux paramètres sont indépendants.

58. Ces faits trouvent une représentation fort simple et élégante en coordonnées de droites.

Prenons, en effet, le faisceau plan

$$z_i = a_i + \lambda b_i,$$

où les droites a, b dépendent de plusieurs paramètres; que faudra-t-il pour que ces faisceaux aient une enveloppe? c'est-à-dire pour que, quel que soit le déplacement du faisceau, la tangente à la courbe décrite par O et, par conséquent, la caractéristique du plan du faisceau, fassent partie de ce faisceau?

Il sera nécessaire et suffisant, conformément aux résultats déjà acquis, que l'on ait, pour tous les déplacements possibles,

$$\omega(a \mid db) = 0 \qquad (19)$$

ou, ce qui est la même chose,

$$\omega(b \mid da) = 0, \tag{19'}$$

car

$$0 = d\,\omega(a \mid b) = \omega(a \mid db) + \omega(b \mid da).$$

On voit donc qu'un faisceau dépendant de plusieurs paramètres et qui vérifiera la condition

$$\omega(b \mid da) = 0$$

devra être constitué :

Soit par un point d'une surface et le plan tangent en ce point;

Soit par un point d'une courbe et un plan quelconque tangent à la courbe en ce point;

Soit par le plan tangent d'une développable et un quelconque des points de contact de ce plan avec la développable;

Soit par un point et un plan d'une droite, arbitrairement associés;

Soit par un point d'un plan, associé à ce plan;

Soit par un plan mené par un point, associé à ce point.

Nous dirons, dans tous les cas, que le faisceau a une enveloppe si

$$\omega(b \mid da) = 0.$$

Les faisceaux à enveloppe ne dépendent, on le voit, que de deux paramètres. En sorte que, *si l'on se trouve en présence de faisceaux variables dépendant de plusieurs paramètres, la condition*

$$\omega(b \mid da) = 0$$

entraîne que les paramètres dont dépendent les faisceaux sont réductibles à deux.

Nous aurons bientôt à faire une application de cette remarque.

Je passe maintenant à l'étude des propriétés infinitésimales des complexes de droites.

59. Soient le complexe de droites

$$f(x_1, x_2, \ldots, x_6) = f(x) = 0,$$

x une droite de ce complexe, $\omega(x)$ la forme fondamentale, et je considère le système de complexes linéaires à deux termes

$$\sum \left(\lambda \frac{\partial f}{\partial x_i} + \mu \frac{\partial \omega}{\partial x_i}\right) y_i = 0, \tag{20}$$

Je donnerai à ces complexes le nom de *complexes linéaires tangents.*

La remarque suivante justifie cette dénomination. Soit $x + dx + \frac{1}{2}d^2x + \ldots$ une droite du complexe voisine de x, et remplaçons y_i par $x_i + dx_i + \frac{1}{2}d^2x_i + \ldots$ dans le premier membre de (20), il viendra

$$\sum\left(\lambda\frac{\partial f}{\partial x_i} + \mu\frac{\partial \omega}{\partial x_i}\right)y_i = \frac{1}{2}\sum\left(\lambda\frac{\partial f}{\partial x_i} + \mu\frac{\partial \omega}{\partial x_i}\right)d^2x_i + \ldots,$$

en tenant compte de $df = 0$, $d\omega = 0$, c'est-à-dire un résultat du second ordre.

Si les complexes linéaires tangents forment un système à deux termes, cela tient évidemment à ce qu'un complexe ne se trouve pas représenté par une équation unique, mais bien par le système des deux équations

$$f(x) = 0, \qquad \omega(x) = 0.$$

Cherchons les complexes spéciaux tangents ; nous devrons écrire

$$\Omega\left(\lambda\frac{\partial f}{\partial x} + \mu\frac{\partial \omega}{\partial x}\right) = 0,$$

c'est-à-dire

$$\lambda^2\,\Omega\left(\frac{\partial f}{\partial x}\right) + 2\lambda\mu\,\Omega\left(\frac{\partial f}{\partial x}\,\middle|\,\frac{\partial \omega}{\partial x}\right) + \mu^2\,\Omega\left(\frac{\partial \omega}{\partial x}\right) = 0.$$

Mais on a

$$2\,\Omega\left(\frac{\partial f}{\partial x}\,\middle|\,\frac{\partial \omega}{\partial x}\right) = \sum\frac{\partial\,\Omega\left(\frac{\partial \omega}{\partial x}\right)}{\partial\,\frac{\partial \omega}{\partial x_i}}\,\frac{\partial f}{\partial x_i} = \sum x_i\frac{\partial f}{\partial x_i} = 0,$$

car $x_i = \dfrac{\partial\,\Omega\left(\frac{\partial \omega}{\partial x}\right)}{\partial\,\frac{\partial \omega}{\partial x_i}}$; on a aussi $\Omega\left(\frac{\partial \omega}{\partial x}\right) = \omega(x) = 0$; il reste donc

$$\lambda^2\,\Omega\left(\frac{\partial f}{\partial x}\right) = 0.$$

L'équation qui fournit les complexes spéciaux tangents a donc ses racines égales et, par suite, les complexes tangents ne comprennent généralement qu'un seul complexe spécial, celui qui a x pour directrice. Si l'on se reporte au n° 29, on voit que tous les complexes linéaires tangents définissent sur x la même corrélation normale; pour ce motif, nous donnerons à cette corrélation le nom de *corrélation normale du complexe $f(x) = 0$ sur sa droite x*. On voit comment cette notion généralise la notion de corrélation normale d'un complexe linéaire (n° 15).

Nous avons vu (n° 53) que, si les tangentes x d'une courbe font partie d'un complexe linéaire, le faisceau plan osculateur appartient à ce complexe et, par suite, que le point O de contact et le plan osculateur π sont des éléments correspondants de la corrélation normale du complexe sur la droite x. Cette importante propriété s'étend au cas d'un complexe quelconque.

Je vais prouver que, *si les tangentes x d'une courbe font partie d'un complexe*

$$f(x) = 0,$$

le faisceau osculateur de la courbe appartient à la corrélation normale du complexe $f = 0$ sur la droite x.

Il suffit évidemment de prouver que ce faisceau osculateur appartient à la corrélation normale du complexe tangent

$$\sum \frac{\partial f}{\partial x_i} y_i = 0,$$

puisque, par définition, cette corrélation est la corrélation normale du complexe $f(x) = 0$.

En effet, le faisceau osculateur est représenté par

$$\rho x_i + \sigma x'_i,$$

en supposant les x_i exprimés en fonction d'un paramètre t et posant $x'_i = \frac{dx_i}{dt}$.

Il faut prouver que

$$\sum \frac{\partial f}{\partial x_i} (\rho x_i + \sigma x'_i) = 0;$$

or cela est évident, puisque

$$\sum \frac{\partial f}{\partial x_i} x_i = m\, f(x) = 0, \qquad \sum \frac{\partial f}{\partial x_i} x'_i = \frac{d\, f(x)}{dt} = 0.$$

Le théorème est ainsi démontré.

60. Quelques cas particuliers feront comprendre la portée de ce théorème capital.

Considérons un plan quelconque π mené par x, les droites du complexe $f = 0$ contenues dans ce plan enveloppent une courbe et la droite x, elle-même, touche cette courbe en un point O. Il résulte du théorème précédent que O et π se correspondent dans la corrélation normale.

Ainsi :

Si l'on fait passer un plan π par une droite x d'un complexe, la courbe enveloppe du complexe relative au plan π est touchée par la droite x en un point O; le point O et le plan π se correspondent dans la corrélation normale du complexe.

Pareillement :

Si l'on prend un point O *sur une droite* x *d'un complexe, le cône du complexe qui a* O *pour sommet est tangent le long de* x *à un plan* π *homologue de* O *dans la corrélation normale.*

61. On peut généraliser ces résultats.

Considérons une surface réglée engendrée par des droites du complexe.

Supposons, pour préciser, qu'on ait exprimé les coordonnées x_i d'une droite de cette surface en fonction d'un paramètre t. Soient x et $x + x'\,dt$ deux droites voisines sur cette surface.

Les complexes linéaires contenus dans l'équation à deux termes

$$\sum \left[\rho \frac{\partial\,\omega(x)}{\partial x_i} + \sigma \frac{\partial\,\omega(x')}{\partial x'_i} \right] y_i = 0$$

définissent sur x (n° 47) une corrélation normale qui n'est autre que la corrélation de Chasles, relative à la surface réglée.

Or comparons ces complexes aux complexes tangents au complexe proposé

$$\sum \left[\lambda \frac{\partial f}{\partial x_i} + \mu \frac{\partial\,\omega(x)}{\partial x_i} \right] y_i = 0,$$

et formons leur invariant simultané

$$\begin{aligned} &\Omega\left[\rho \frac{\partial\,\omega(x)}{\partial x} + \sigma \frac{\partial\,\omega(x')}{\partial x'} \,\middle|\, \lambda \frac{\partial f}{\partial x} + \mu \frac{\partial\,\omega(x)}{\partial x} \right] \\ &\quad = \rho\lambda\,\Omega\left(\frac{\partial\omega}{\partial x} \,\middle|\, \frac{\partial f}{\partial x} \right) + \mu\rho\,\Omega\left(\frac{\partial\omega}{\partial x} \,\middle|\, \frac{\partial\omega}{\partial x} \right) \\ &\quad\quad + \sigma\lambda\,\Omega\left(\frac{\partial\omega}{\partial x'} \,\middle|\, \frac{\partial f}{\partial x} \right) + \sigma\mu\,\Omega\left(\frac{\partial\omega}{\partial x'} \,\middle|\, \frac{\partial\omega}{\partial x} \right). \end{aligned}$$

Cette expression est nulle identiquement, car nous avons déjà vu que

$$\Omega\left(\frac{\partial\omega}{\partial x} \,\middle|\, \frac{\partial f}{\partial x} \right) = m f(x) = 0,$$

$$\Omega\left(\frac{\partial\omega}{\partial x} \,\middle|\, \frac{\partial\omega}{\partial x} \right) = \Omega\left(\frac{\partial\omega}{\partial x} \right) = \omega(x) = 0,$$

$$\Omega\left(\frac{\partial\omega}{\partial x'} \,\middle|\, \frac{\partial f}{\partial x} \right) = \frac{1}{2} \sum \frac{\partial f}{\partial x_i} x'_i = \frac{1}{2} \frac{df}{dt} = 0,$$

$$\Omega\left(\frac{\partial\omega}{\partial x'} \,\middle|\, \frac{\partial\omega}{\partial x} \right) = \frac{1}{2} \sum \frac{\partial\omega}{\partial x_i} x'_i = \frac{1}{2} \frac{d\omega}{dt} = 0.$$

Les deux systèmes à deux termes considérés sont donc composés de complexes linéaires en involution.

De là suit (n° 33) que les deux corrélations normales que détermine sur x chacun des deux systèmes respectivement sont en involution. En employant la locution introduite au n° 59, on peut donc dire ceci :

Si l'on considère la corrélation de Chasles d'une surface réglée d'un complexe relative à une de ses droites x, cette corrélation est en involution avec la corrélation normale du complexe relative à x.

En d'autres termes, prenons un point O sur la droite x et menons en O le plan τ tangent à la surface, ce plan τ et le plan π homologue de O dans la corrélation normale forment un faisceau harmonique avec deux plans fixes. Ou encore :

Soient

O un point sur x;
τ le plan tangent à la surface réglée;
O′ le point correspondant à τ dans la corrélation normale;
τ' le plan tangent en O′;
τ' est le plan qui correspond à O dans la corrélation normale du complexe.

Si la surface considérée est développable (ou plus généralement forme une série réglée à enveloppe), la corrélation de Chasles est singulière et son involution avec la corrélation normale signifie que son couple singulier appartient à cette corrélation. C'est précisément le théorème du n° 59.

62. Considérons toutes les droites x d'un complexe et tous les faisceaux plans (O, π) dont le point et le plan sont des éléments correspondants de la corrélation normale du complexe sur une droite x. J'appellerai ces faisceaux plans les *faisceaux plans* du complexe. On voit comment cette définition généralise celle que nous avons donnée au n° 13 pour le cas d'un complexe linéaire.

Soient (O, π) un faisceau du complexe, x la droite du complexe dont la corrélation normale admet comme éléments correspondants le point O et le plan π. Le cône du complexe qui a pour sommet le point O sera tangent suivant x au plan π, et la courbe enveloppe des droites du complexe relative au plan π touchera en O la droite x. On peut donc énoncer ces théorèmes :

Les plans π des faisceaux du complexe dont le point O est donné enveloppent le cône du complexe qui a pour sommet ce point.

Le lieu des points O des faisceaux d'un complexe dont le plan est donné est la courbe enveloppe des droites du complexe relative à ce plan.

Le cône du complexe est ainsi le lieu enveloppe des plans dont la courbe enveloppe passe au sommet du cône; la courbe enveloppe relative à un plan est le lieu des sommets des cônes du complexe tangents à ce plan.

On observe qu'un faisceau plan (O, π) du complexe ne peut appartenir à la corrélation normale de deux droites x, y du complexe que si le cône de sommet O touche le plan π suivant x et y; de plus, dans ce cas, la courbe enveloppe relative au point O a un point double en ce point, dont x et y sont les tangentes. Je réserve ces cas exceptionnels.

63. Reprenons le système à deux termes des complexes linéaires tangents

$$\sum\left(\lambda\frac{\partial f}{\partial x_i}+\mu\frac{\partial \omega}{\partial x_i}\right)y_i=0,$$

les complexes spéciaux de ce système sont fournis, nous l'avons vu (n° 59), par l'équation

$$\lambda^2\Omega\left(\frac{\partial f}{\partial x}\right)=0.$$

Ils sont donc tous spéciaux si

$$\Omega\left(\frac{\partial f}{\partial x}\right)=0.$$

Nous rencontrons ainsi naturellement cette expression remarquable

$$\Omega\left(\frac{\partial f}{\partial x}\right),$$

introduite par M. Klein. Je vais montrer qu'elle est un invariant différentiel du complexe.

Effectuons la transformation linéaire

$$x_i=\sum_\rho A_{i\rho}x'_\rho \qquad (i, \rho=1, 2, \ldots, 6);$$

les coefficients a de l'équation d'un complexe linéaire se trouvent liés à ceux de son équation transformée a' par les formules

$$a'_\rho=\sum_i A_{i\rho}a_i,$$

et, en vertu de ces dernières formules, on aura identiquement

$$\Omega'(a')=\Delta^2\Omega(a),$$

où $\Omega(a)$ est la forme adjointe de $\omega(x)$, $\Omega'(a')$ la forme adjointe de $\omega'(x')$, transformée de $\omega(x)$, et Δ le déterminant de la substitution.

Ceci posé, supposons que la fonction $f(x)$ devienne $f'(x')$, en sorte que

$$f'(x') = f(x),$$

on aura

$$\frac{\partial f'}{\partial x'_\rho} = \sum_i A_{i\rho} \frac{\partial f}{\partial x_i};$$

or ces équations entraînent la suivante

$$\Omega'\left(\frac{\partial f'}{\partial x'}\right) = \Delta^2 \Omega\left(\frac{\partial f}{\partial x}\right);$$

ce qui démontre bien l'invariance de $\Omega\left(\frac{\partial f}{\partial x}\right)$.

On appelle *droite singulière* d'un complexe toute droite pour laquelle l'invariant $\Omega\left(\frac{\partial f}{\partial x}\right)$ est nul.

Il est intéressant de se rendre compte de la façon dont se comporte la corrélation normale d'une droite singulière.

Puisque les complexes tangents sont tous spéciaux et qu'ils forment un système à deux termes, il faut conclure que leurs directrices forment un faisceau plan (O, π), et, d'après la remarque du n° 30, la corrélation normale sera singulière. Toute corrélation homographique en involution avec elle devra donc contenir son couple singulier (O, π). Par suite, toute surface réglée non développable contenue dans le complexe et passant par la droite singulière x devra toucher en O le plan π.

Par contre, toute surface développable (du complexe) passant par la droite x devra ou bien admettre O sur son arête de rebroussement, ou bien toucher le plan π.

64. Nous allons trouver ici une intéressante application des principes de la représentation des surfaces par leurs tangentes exposés au n° 58.

Je vais prouver, en effet, ce théorème dû à M. Pasch :

Les faisceaux plans (O, π) afférents à toutes les droites singulières d'un complexe ont une enveloppe.

Puisque l'on a

$$\Omega\left(\frac{\partial f}{\partial x}\right) = 0,$$

si l'on pose

$$y_i = \frac{\partial \Omega\left(\frac{\partial f}{\partial x}\right)}{\partial \frac{\partial f}{\partial x_i}},$$

les y_i sont les coordonnées d'une droite y, et cette droite est la directrice de l'un des complexes linéaires tangents.

Le faisceau plan des directrices de ces complexes, le faisceau (O, π), est donc représenté par les formules

$$z_i = \lambda x_i + \mu y_i.$$

Les conditions

$$\omega(x) = 0, \qquad \omega(y) = 0, \qquad \omega(x \mid y) = 0$$

étant évidemment remplies, il suffit de prouver (n° 58) que

$$\omega(y \mid dx) = 0,$$

ou que

$$\sum \frac{\partial \omega(y)}{\partial y_i} dx_i = 0.$$

Mais puisque l'on a posé

$$y_i = \frac{\partial \Omega\left(\dfrac{\partial f}{\partial x}\right)}{\partial \dfrac{\partial f}{\partial x_i}},$$

on en tire

$$\frac{\partial f}{\partial x_i} = \frac{\partial \omega(y)}{\partial y_i};$$

il suffit donc de prouver que

$$\sum \frac{\partial f}{\partial x_i} dx_i = df = 0,$$

ce qui est évident.

On a donné le nom de SURFACE DE SINGULARITÉS à cette surface remarquable ([1]).

Le théorème relatif aux droites singulières tracées sur les surfaces réglées du complexe prouve, si l'on observe qu'une surface réglée du complexe contient généralement des droites singulières, prouve le théorème suivant :

Toute surface réglée du complexe touche généralement la surface de singularités en un certain nombre de points.

65. Maintenant le théorème du n° 58 nous permet de démontrer le théorème suivant partiellement trouvé par M. Cayley et complété par M. Klein.

Si, pour un complexe de droites, on a

$$\Omega\left(\frac{\partial f}{\partial x}\right) = 0,$$

identiquement ou en vertu de $f = 0$, $\omega = 0$, *les droites du complexe ont une*

([1]) On voit qu'il pourra arriver que la surface de singularités se réduise à une simple courbe, ou que les faisceaux plans singuliers engendrent l'un des quatre autres ensembles définis au n° 58, ou un système de plusieurs de ces ensembles.

enveloppe, c'est-à-dire, touchent une surface fixe, non développable ou développable, ou bien coupent une courbe fixe.

Reprenons en effet les notations précédentes

$$y_i = \frac{\partial \Omega\left(\frac{\partial f}{\partial x}\right)}{\partial \frac{\partial f}{\partial x_i}};$$

à *toute* droite x du complexe nous faisons ainsi correspondre une droite y qui la coupe en un point O, et a avec elle en commun un plan π.

Le faisceau (O, π) a pour représentation

$$z_i = \lambda x_i + \mu y_i.$$

On pourrait croire qu'il dépend de trois paramètres comme la droite x, et s'il ne dépend que de deux en réalité, du moins on ne le sait pas *a priori;* mais, quoi qu'il en soit, puisque l'on a

$$2\omega(y \mid dx) = \sum \frac{\partial f}{\partial x_i} dx_i = df = 0,$$

on est assuré que le faisceau (O, π) a une enveloppe (nº 58). *Et dès lors il ne dépend pas de plus de deux paramètres.* Si O décrit une surface, π touche la surface et le complexe est celui des tangentes à cette surface. Si, au contraire, O décrit une courbe, toutes les droites du complexe coupent cette courbe, et leur ensemble est défini par cette condition.

Nous aurons à voir plus loin comment se différentient ces deux cas.

66. Les propriétés infinitésimales des congruences sont connues depuis beaucoup plus longtemps que celles des complexes. Elles se sont présentées aux géomètres dès les premières recherches sur la théorie des surfaces. Dans son Traité de Géométrie, M. G. Darboux leur a consacré une place importante et a ajouté à l'intérêt que les géomètres leur prêtaient déjà en les rattachant aux recherches de Laplace sur les équations linéaires aux dérivées partielles du second ordre. Nous aurons occasion d'insister sur le rôle de ces équations dans l'étude des congruences. Je vais auparavant rappeler les principales propriétés des congruences de droites.

Les droites d'une congruence sont généralement tangentes à deux surfaces; cependant, dans certains cas, ces surfaces peuvent se réduire à des courbes ou coïncider.

Soit une congruence commune à deux complexes A et B; soit x une droite de cette congruence. Les corrélations normales H_A, H_B des complexes A, B sur la droite x ont en commun deux couples (F, Φ') (F', Φ) : les couples (F, Φ) (F', Φ') inverses (nº **21**) de ces couples jouent un rôle particulièrement important; nous les appellerons les *couples focaux* : F, F′ seront les *foyers* et Φ, Φ′ les *plans focaux* de la droite x.

Les couples focaux peuvent être réels ou imaginaires, ou même confondus.

Supposons-les d'abord distincts. Les droites x dépendent de deux paramètres (n° 9), les points F, F′, les plans Φ, Φ′ dépendront donc en général de deux paramètres. Les points F et F′ décriront donc en général deux surfaces S et S′ (respectivement) que l'on appelle les *surfaces focales*. Cependant il se peut que le point F, par exemple, décrive une courbe, auquel cas nous dirons que la surface focale S se réduit à une courbe.

Considérons une surface réglée contenue dans la congruence et passant par la droite x; elle détermine sur x une corrélation de Chasles qui doit être (n° 61) en involution avec chacune des corrélations normales H_A, H_B et qui, par conséquent (n° 25), doit admettre les couples (F, Φ)(F′, Φ′) inverses des couples (F, Φ) (F′, Φ), communs à H_A et H_B. En un mot, *toute corrélation de Chasles définie sur x par une surface réglée de la congruence doit admettre les couples focaux*. Ou encore : *Toute surface réglée de la congruence qui passe par x touche en* F *le plan* Φ *et en* F′ *le plan* Φ′.

Considérons les corrélations de Chasles singulières qui appartiennent à la congruence. Ces corrélations sont définies par la condition d'être en involution avec H_A et H_B. Donc, d'après le n° 25, leur couple singulier est (F, Φ′) pour l'une et (F′, Φ) pour l'autre.

On peut en conclure qu'autour de chaque droite x de la congruence il y a deux droites voisines $x + dx$, $x + d'x$ de la congruence qui forment avec x chacune *un élément* de série réglée à enveloppe; nous dirons, pour abréger, un élément de développable.

Il y a donc deux manières de déplacer continuement une droite d'une congruence, à partir d'une position donnée quelconque, de telle sorte que la droite engendre une développable. La congruence peut ainsi être de deux manières décomposée en développables d'une famille. Par chaque droite x de la congruence, il passe deux de ces développables, et les faisceaux osculateurs de ces développables sont respectivement (F, Φ′) et (F′, Φ). Les deux développables en question ne sont donc réelles qu'autant que ces deux couples le sont.

Envisageons d'abord le cas où S et S′ sont de vraies surfaces. Considérons une développable formée des droites de la congruence; l'arête de cette développable est un lieu des points F, elle est tracée sur S. Nous aurons donc sur S une famille de courbes C dont les tangentes engendrent la congruence. Pareillement, nous aurons sur S′ une famille de courbes C′ dont les tangentes engendrent également la congruence.

Toute droite x de la congruence est tangente en F à une courbe C et en F′ à une courbe C′; *elle est donc tangente en ses foyers aux surfaces focales* S et S′.

Toute surface réglée formée de droites de la congruence se trouve ainsi circonscrite à la fois aux surfaces S et S′. Or son plan tangent en F est le plan Φ, son plan tangent en F′ est le plan Φ′.

Les couples focaux (F, Φ), (F, Φ′) *sont donc tangents aux surfaces focales.*

Considérons en particulier la développable dont une courbe C′ est l'arête; elle est circonscrite à S suivant une courbe D. Lorsque C′ décrit la surface S′, la courbe D engendre sur S une famille de courbes. Je dis que les *courbes* C *et* D *forment sur* S *un réseau conjugué.*

En effet, la courbe D est la courbe de contact de S avec une développable dont la génératrice rectiligne qui passe en F touche, en ce point, la courbe C. La tangente à D au point F et la droite x tangente à C en F sont donc deux tangentes conjuguées au sens de Dupin.

Pareillement, les développables qui ont pour arêtes les courbes C sont circonscrites à S′ suivant des courbes D′ qui forment avec les courbes C′ un système conjugué.

On voit qu'une congruence établit une correspondance point par point entre ses surfaces focales. Au point F pris sur S correspond F′ pris sur S′ et inversement. Lorsque deux surfaces se correspondent point par point, il existe généralement sur chacune deux familles de courbes conjuguées dont l'image sur l'autre est un autre couple de familles conjuguées. Ici, ces deux familles sont les courbes C, D sur S et les courbes C′, D′ sur S′, car, si F décrit une courbe C, F′ décrit une courbe D′, et si F décrit une courbe D, F′ décrit une courbe C′.

Il y a lieu toutefois d'observer, et nous reviendrons sur ce point, que si les asymptotiques se correspondent sur les deux nappes S et S′, à tout système conjugué tracé sur S correspond sur S′ un autre système conjugué.

67. Le cas où une des surfaces S, S′, ou même toutes les deux, deviennent des courbes, n'offre aucune difficulté. Supposons que F décrive une courbe V et F′ une surface S′, cette surface étant encore le lieu des courbes C′, arêtes des développables d'une famille formées avec les droites de la congruence, ces droites sont assujetties à la double condition de couper V et de toucher S′. Seulement, ici, les développables d'une famille se réduiront aux cônes dont le sommet F est pris sur la courbe V et qui sont circonscrits à S′.

Les courbes D′ seront les courbes de contact de ces cônes.

Quant aux courbes C′, ce seront les arêtes de développables passant par la courbe V.

Si la surface S' elle-même se réduit à une courbe V', la congruence est l'ensemble des droites qui coupent V et V'; les développables de la congruence seront alors les cônes passant par V' et dont les sommets sont sur V, et les cônes passant par V' et dont les sommets sont sur V'.

Un exemple intéressant est fourni par les droites qui coupent deux coniques focales l'une de l'autre. Tous les cônes sont alors de révolution.

Nous avons déjà rencontré un exemple de surfaces focales réduites à des lignes, dans la congruence linéaire.

68. Il ne sera pas inutile de reprendre, par une autre voie, l'exposition de ces résultats.

Soient les équations des complexes A et B

$$f(x) = 0, \qquad g(x) = 0,$$

et x une droite de la congruence commune; je considère l'équation

$$\sum \left(\lambda \frac{\partial f}{\partial x_i} + \mu \frac{\partial g}{\partial x_i} + \nu \frac{\partial \omega}{\partial x_i}\right) y_i = 0. \tag{21}$$

Dans cette équation, y désigne une droite courante et λ, μ, ν trois arbitraires; $\omega(x)$ est, comme toujours, la forme fondamentale. Cette équation représente un système à trois termes de complexes linéaires qui ont en commun une demi-quadrique dégénérée (n° **40**).

Formons, en effet, l'invariant

$$\begin{aligned}
&\Omega\left(\lambda \frac{\partial f}{\partial x} + \mu \frac{\partial g}{\partial x} + \nu \frac{\partial \omega}{\partial x}\right) \\
&\quad = \Omega\left(\lambda \frac{\partial f}{\partial x} + \mu \frac{\partial g}{\partial x}\right) + \nu^2 \Omega\left(\frac{\partial \omega}{\partial x}\right) + \nu \sum \frac{\partial \Omega\left(\frac{\partial \omega}{\partial x}\right)}{\partial \frac{\partial \omega}{\partial x_i}} \left(\lambda \frac{\partial f}{\partial x_i} + \mu \frac{\partial g}{\partial x_i}\right).
\end{aligned}$$

On a d'abord

$$\Omega\left(\frac{\partial \omega}{\partial x}\right) = \omega(x) = 0,$$

$$x_i = \frac{\partial \Omega\left(\frac{\partial \omega}{\partial x}\right)}{\partial \frac{\partial \omega}{\partial x_i}},$$

et, par suite, le coefficient de ν s'écrit

$$\sum x_i \left(\lambda \frac{\partial f}{\partial x_i} + \mu \frac{\partial g}{\partial x_i}\right) = \lambda m f(x) + \mu m' g(x),$$

où m, m' sont les degrés d'homogénéité de f et de g. Comme $f = g = 0$, on a donc

$$\Omega\left(\lambda\frac{\partial f}{\partial x}+\mu\frac{\partial g}{\partial x}+\nu\frac{\partial\omega}{\partial x}\right)=\Omega\left(\lambda\frac{\partial f}{\partial x}+\mu\frac{\partial g}{\partial x}\right),$$

ou, en développant,

$$(22)\qquad =\Omega\left(\frac{\partial f}{\partial x}\right)\lambda^2+2\Omega\left(\frac{\partial f}{\partial x}\,\middle|\,\frac{\partial g}{\partial x}\right)\lambda\mu+\Omega\left(\frac{g}{\partial x}\right)\mu^2.$$

Les complexes spéciaux du système s'obtiendront en prenant pour $\lambda:\mu$ les valeurs $\lambda_0:\mu_0$ et $\lambda'_0:\mu'_0$ qui annulent cet invariant. Ces complexes spéciaux formeront donc les systèmes à deux termes

$$(23)\qquad \sum\left(\lambda_0\frac{\partial f}{\partial x_i}+\mu_0\frac{\partial g}{\partial x_i}+\nu\frac{\partial\omega}{\partial x_i}\right)y_i=0,$$

$$(24)\qquad \sum\left(\lambda'_0\frac{\partial f}{\partial x_i}+\mu'_0\frac{\partial g}{\partial x_i}+\nu\frac{\partial\omega}{\partial x_i}\right)y_i=0.$$

Dans ces formules, ν demeure un paramètre arbitraire. D'après le n° 30, chacun de ces systèmes (23), (24) se compose de complexes spéciaux dont les directrices forment un faisceau plan. Nous avons donc deux faisceaux plans; j'ajoute que (F', Φ), (F, Φ') sont ces deux faisceaux. En effet, cherchons les deux faisceaux plans dont l'ensemble constitue les droites communes aux complexes (21). Ces droites communes y vérifient les équations

$$\sum\frac{\partial f}{\partial x_i}y_i=0,\qquad \sum\frac{\partial g}{\partial x_i}y_i=0,\qquad \sum\frac{\partial\omega}{\partial x_i}y_i=0.$$

Elles coupent x d'après la dernière relation et comme x appartient aux deux complexes

$$\sum\frac{\partial f}{\partial x_i}y_i=0,\qquad \sum\frac{\partial g}{\partial x_i}y_i=0,$$

elles ne peuvent elles-mêmes appartenir à ces deux complexes qu'à la condition de faire partie de l'un des deux faisceaux (F, Φ'), (F', Φ) qu'ont en commun les deux corrélations H_A, H_B déjà définies plus haut. Puisque les droites des faisceaux (F, Φ'), (F', Φ) sont celles qu'ont en commun tous les complexes (21), les directrices des complexes spéciaux de ce système engendrent les couples focaux (F, Φ), (F', Φ'), inverses des deux premiers.

Supposons dès lors que les complexes (23) engendrent le faisceau (F, Φ), toute droite de ce faisceau sera ainsi représentée,

$$z_i+\nu x_i$$

où l'on a posé

$$\frac{\partial\,\omega(z)}{\partial z_i}=\lambda_0\frac{\partial f}{\partial x_i}+\mu_0\frac{\partial g}{\partial x_i}.$$

Il est évident que les z_i ainsi définis seront les coordonnées d'une droite particulière du faisceau (F, Φ).

Vérifions que la condition pour que (F, Φ) ait une enveloppe se trouve remplie,

$$\begin{aligned}2\omega(z \mid dx) &= \sum \frac{\partial\,\omega(z)}{\partial z_i}\,dx_i \\ &= \sum\left(\lambda_0\frac{\partial f}{\partial x_i} + \mu_0\frac{\partial g}{\partial x_i}\right)dx_i = \lambda_0\,df + \mu_0\,dg = 0,\end{aligned}$$

car $df = 0$, $dg = 0$.

Il est ainsi prouvé que les couples focaux possèdent une enveloppe.

Le système des complexes (**21**) possède une propriété qui justifie le nom de *complexes linéaires tangents* que l'on donne à ces complexes. Si l'on substitue aux y_i dans le premier membre de (**21**) les coordonnées d'une droite de la congruence

$$x_i + dx_i + \frac{1}{1.2}\,d^2x_i + \frac{1}{1.2.3}\,d^3x_i + \ldots$$

infiniment voisine de x, on trouve un résultat du second ordre au plus. Aucun autre complexe linéaire n'offre cette particularité, ainsi que le lecteur le vérifiera lui-même.

69. Bien que nous ne voulions pas placer ici une étude détaillée des congruences de droites, nous devons cependant tenir compte du cas où, pour toutes les droites de la congruence, les couples focaux coïncideraient.

Ce cas est évidemment caractérisé par le fait que les deux racines de l'équation (**22**) sont égales, ce qui donne

$$\left[\Omega\left(\frac{\partial f}{\partial x}\,\Big|\,\frac{\partial g}{\partial x}\right)\right]^2 - \Omega\left(\frac{\partial f}{\partial x}\right)\Omega\left(\frac{\partial g}{\partial x}\right) = 0. \tag{25}$$

Le premier membre de cette équation est un invariant de la congruence ; c'est même un combinant, car, si l'on pose

$$f_1 = \mathfrak{F}(f, g), \qquad g_1 = \mathfrak{G}(f, g),$$

$$\Delta = \frac{\partial\mathfrak{F}}{\partial f}\frac{\partial\mathfrak{G}}{\partial g} - \frac{\partial\mathfrak{F}}{\partial g}\frac{\partial\mathfrak{G}}{\partial f},$$

on trouve

$$\begin{aligned}&\left[\Omega\left(\frac{\partial f_1}{\partial x}\,\Big|\,\frac{\partial g_1}{\partial x}\right)\right]^2 - \Omega\left(\frac{\partial f_1}{\partial x}\right)\Omega\left(\frac{\partial g_1}{\partial x}\right) \\ &\qquad = \Delta^2\left\{\left[\Omega\left(\frac{\partial f}{\partial x}\,\Big|\,\frac{\partial g}{\partial x}\right)\right]^2 - \Omega\left(\frac{\partial f}{\partial x}\right)\Omega\left(\frac{\partial g}{\partial x}\right)\right\}.\end{aligned}$$

Cherchons quelle peut bien être, dans ce cas, la définition de la congruence.

Nous n'avons plus qu'une seule famille de séries réglées à enveloppe et le couple focal unique (F, Φ) est le lieu des directrices des complexes linéaires tangents spéciaux

$$\sum\left(\lambda_0 \frac{\partial f}{\partial x_i} + \mu_0 \frac{\partial g}{\partial x_i} + \nu \frac{\partial \omega}{\partial x_i}\right) y_i = 0.$$

Comme plus haut, on reconnaîtra que ce couple (F, Φ) possède une enveloppe, laquelle sera généralement une surface S.

D'autre part, puisque le plan Φ' coïncide ici avec le plan Φ, le couple (F, Φ) constitue en même temps le faisceau osculateur de l'unique développable que l'on puisse former avec les droites de la congruence, et qui passe par la droite x. L'arête C de cette développable est tracée sur S et, comme le plan osculateur Φ de C au point F est en même temps tangent à S, il en résulte que C est une ligne asymptotique de la surface S. Ceci ayant lieu pour toutes les développables de la congruence, celle-ci apparaît *comme l'ensemble des tangentes aux lignes asymptotiques d'une famille de la surface* S.

Réciproquement, si l'on considère les asymptotiques C d'une famille sur une surface S, leurs tangentes constituent une congruence à couples focaux confondus.

En effet, soit généralement sur une surface S une famille de courbes C, et considérons la congruence des tangentes à ces courbes. Soit x une de ces tangentes qui touche en F une courbe C; Φ le plan tangent en F à la surface et Φ' le plan osculateur à C en F.

Les plans Φ et Φ' sont les plans focaux de la droite x et la seconde surface focale S' est l'enveloppe du plan Φ'. Mais que les lignes C soient des asymptotiques de S, alors Φ' coïncide avec Φ et les couples focaux coïncident.

70. Il nous reste à considérer ce qui arrive si, les couples focaux coïncidant, le point F décrit non plus une surface, mais une courbe V. Ce cas, assez rarement considéré, offre cependant un réel intérêt.

La congruence est composée de droites qui coupent la courbe fixe V. Par tout point F de V il passe donc une infinité de ces droites. Les droites issues de F forment un hyperfaisceau dont on peut représenter une quelconque des droites par les formules

$$z_i = \lambda a_i + \mu b_i + \nu c_i$$

ou

$$\omega(a) = \omega(b) = \omega(c) = \omega(a \mid b) = \omega(a \mid c) = \omega(b \mid c) = 0,$$

a_i, b_i, c_i étant des fonctions d'un paramètre u. De plus, entre λ, μ, ν doit exister une relation homogène, qui est en quelque sorte l'équation du cône que décrivent les droites de la congruence issues de F.

On a

$$dz_i = \lambda\, da_i + \mu\, db_i + \nu\, dc_i + a_i\, d\lambda + b_i\, d\mu + c_i\, d\nu$$
$$= (\lambda a'_i + \mu b'_i + \nu c'_i)\, du + (a_i\, d\lambda + b_i\, d\mu + c_i\, d\nu),$$

a'_i, b'_i, c'_i étant les dérivées de a_i, b_i, c_i prises par rapport à u. Donc

$$\omega(dz) = \omega(\lambda a' + \mu b' + \nu c')\, du^2$$
$$+ 2\omega(\lambda a' + \mu b' + \nu c' \mid a\, d\lambda + b\, d\mu + c\, d\nu)\, du + \omega(a\, d\lambda + b\, d\mu + c\, d\nu).$$

L'expression $\omega(a\, d\lambda + b\, d\mu + c\, d\nu)$ est nulle identiquement, et il reste

$$\omega(dz) = \omega(a'\lambda + b'\mu + c'\nu)\, du^2 + 2\omega(a'\lambda + b'\mu + c'\nu \mid a\, d\lambda + b\, d\mu + c\, d\nu)\, du.$$

L'équation $\omega(dz) = 0$ définit les droites de la congruence voisine de z, qui forment avec z un élément de développable. La solution $du = 0$ fournit les cônes dont le sommet est sur la courbe V. Mais ici, puisqu'il y a coïncidence des deux familles de développables, les deux solutions doivent donner $du = 0$.

Supposons λ, μ, ν exprimés en fonction de u et d'un paramètre v qui varie quand la droite décrit le cône cherché. Il faudra que le terme en $du\, dv$ disparaisse ou que l'on ait identiquement

$$\omega\left(a'\lambda + b'\mu + c'\nu \,\middle|\, a\frac{\partial\lambda}{\partial v} + b\frac{\partial\mu}{\partial v} + c\frac{\partial\nu}{\partial v}\right) = 0,$$

ce qui s'écrit, en développant,

$$\omega(b \mid c')\left(\mu\frac{\partial\nu}{\partial v} - \nu\frac{\partial\mu}{\partial v}\right) + \omega(c \mid a')\left(\nu\frac{\partial\lambda}{\partial v} - \lambda\frac{\partial\nu}{\partial v}\right) + \omega(a \mid b')\left(\lambda\frac{\partial\mu}{\partial v} - \mu\frac{\partial\lambda}{\partial v}\right) = 0.$$

Si l'on observe que $\omega(b \mid c')$, $\omega(c \mid a')$, $\omega(a \mid b')$ ne dépendent pas de v, on voit que cette équation équivaut à la relation finie

$$(26) \qquad \begin{vmatrix} \lambda & \mu & \nu \\ \omega(b \mid c') & \omega(c \mid a') & \omega(a \mid b') \\ \alpha & \beta & \gamma \end{vmatrix} = 0,$$

où α, β, γ sont des constantes, c'est-à-dire des fonctions de u.

La forme linéaire de cette équation nous prouve d'abord que les droites de la congruence issues du point F de la courbe V engendrent un faisceau plan. Le plan Φ de ce faisceau est évidemment le plan focal. De plus, dans la gerbe lieu des droites issues de F, la tangente FT à la courbe V est représentée par les valeurs suivantes de $\lambda : \mu : \nu$ (n° 54)

$$\frac{\lambda}{\omega(b \mid c')} = \frac{\mu}{\omega(c \mid a')} = \frac{\nu}{\omega(a \mid b')}.$$

Comme ces valeurs de $\lambda : \mu : \nu$ vérifient l'équation (26), on doit conclure que le plan Φ touche la courbe V, c'est-à-dire, conformément à la locution du n° 55, que les caractéristiques du faisceau (F, Φ) appartiennent à ce faisceau. De là résulte aussitôt que, en général, *la congruence est le lieu des droites qui touchent une développable donnée en des points d'une courbe tracée sur cette développable,* et que, exceptionnellement, elle est le lieu des faisceaux plans (F, Φ) dont le point et le plan constituent un couple d'une correspondance déterminée entre les points et les plans d'une droite fixe (n° 56).

La congruence linéaire singulière (n° 29) est le cas le plus simple que l'on puisse citer.

71. Il est souvent utile de représenter une congruence en exprimant les coordonnées x_i de l'une quelconque de ses droites x en fonction de deux paramètres u, v. De même, il est souvent utile de représenter les coordonnées d'une droite d'un complexe au moyen de fonctions de trois variables. Nous reviendrons plus tard sur cette représentation des complexes; mais je vais présenter immédiatement quelques remarques sur ce qui concerne les congruences.

Si l'on forme $\omega(dx)$, comme

$$dx_i = \frac{\partial x_i}{\partial u} du + \frac{\partial x_i}{\partial v} dv,$$

on aura

$$\omega(dx) = \mathrm{E}\, du^2 + 2\mathrm{F}\, du\, dv + \mathrm{G}\, dv^2, \tag{27}$$

où

$$\mathrm{E} = \omega\left(\frac{\partial x}{\partial u}\right), \qquad \mathrm{F} = \omega\left(\frac{\partial x}{\partial u}\middle|\frac{\partial x}{\partial v}\right), \qquad \mathrm{G} = \omega\left(\frac{\partial x}{\partial v}\right).$$

Toute équation entre u, v fournit une surface réglée de la congruence; en particulier, les intégrales de l'équation

$$\mathrm{E}\, du^2 + 2\mathrm{F}\, du\, dv + \mathrm{G}\, dv^2 = 0$$

donneront les développables de la congruence. Ces développables coïncideront si $\mathrm{EG} - \mathrm{F}^2 = 0$.

Considérons un complexe linéaire

$$\Sigma a_i y_i = 0,$$

et substituons à la place de y_i les coordonnées d'une droite de la congruence voisine de la droite x de cette même congruence

$$y_i = x_i + \frac{\partial x_i}{\partial u} du + \frac{\partial x_i}{\partial v} dv + \frac{1}{2}\left(\frac{\partial x_i}{\partial u} d^2 u + \frac{\partial x_i}{\partial v} d^2 v\right)$$
$$+ \frac{1}{2}\left(\frac{\partial^2 x_i}{\partial u^2} du^2 + 2\frac{\partial^2 x_i}{\partial u\, \partial v} du\, dv + \frac{\partial_2 x_i}{\partial v^2} dv^2\right) + \ldots.$$

Il viendra

$$\sum a_i y_i = \sum a_i x_i + \sum a_i \frac{\partial x_i}{\partial u} du + \sum a_i \frac{\partial x_i}{\partial v} dv + \frac{1}{2}\left(\sum a_i \frac{\partial x_i}{\partial u} d^2 u + \sum a_i \frac{\partial x_i}{\partial v} d^2 v\right)$$
$$+ \frac{1}{2}\sum a_i \frac{\partial^2 x_i}{\partial u^2} du^2 + \sum a_i \frac{\partial^2 x_i}{\partial u\, \partial v} du\, dv + \sum a_i \frac{\partial^2 x_i}{\partial v^2} dv^2 + \ldots.$$

Si l'on choisit les a de sorte que

$$(28) \qquad \sum a_i x_i = 0, \qquad \sum a \frac{\partial x_i}{\partial u} = 0, \qquad \sum a_i \frac{\partial x_i}{\partial v} = 0,$$

le résultat de la substitution est

$$\sum a_i y_i = \frac{1}{2}\sum a_i \frac{\partial^2 x_i}{\partial u^2} du^2 + \sum a_i \frac{\partial^2 x_i}{\partial u\, \partial v} du\, dv + \frac{1}{2}\sum a_i \frac{\partial^2 x_i}{\partial v^2} dv^2 + \ldots;$$

il se réduit au deuxième ordre.

Pour certaines congruences, on peut déterminer le complexe $\Sigma a_i y_i = 0$ de manière à faire disparaître aussi les termes du deuxième ordre, en sorte que, *au troisième ordre près,* les droites voisines d'une droite x dans la congruence peuvent être envisagées comme contenues dans un complexe linéaire. Nous dirons que, dans ce cas, la congruence possède, suivant chacune de ses droites, un *complexe linéaire osculateur*.

Il faut, pour que les termes du deuxième ordre disparaissent, que l'on ait, en même temps que les équations (28), les suivantes

$$(29) \qquad \sum a_i \frac{\partial^2 x_i}{\partial u^2} = 0, \qquad \sum a_i \frac{\partial^2 x_i}{\partial u\, \partial v} = 0, \qquad \sum a_i \frac{\partial^2 x_i}{\partial v^2} = 0.$$

La compatibilité de ces équations s'exprime en écrivant que le déterminant suivant est nul

$$(30) \qquad \left\| \frac{\partial^2 x_i}{\partial u^2}, \frac{\partial^2 x_i}{\partial u\, \partial v}, \frac{\partial^2 x_i}{\partial v^2}, \frac{\partial x_i}{\partial u}, \frac{\partial x_i}{\partial v}, x_i \right\| = 0.$$

Or ce déterminant nul exprime évidemment la condition nécessaire et suffisante pour ue les x_i soient solutions d'une même équation de la forme de Laplace

$$(31) \qquad A\frac{\partial^2 \theta}{\partial u^2} + 2B\frac{\partial^2 \theta}{\partial u\, \partial v} + C\frac{\partial^2 \theta}{\partial v^2} + D\frac{\partial \theta}{\partial u} + E\frac{\partial \theta}{\partial v} + G\theta = 0.$$

Ainsi, *pour qu'une congruence admette un complexe linéaire osculateur, il faut et il suffit que les coordonnées d'une de ses droites vérifient une même équation de la forme* (31).

72. Les congruences à couples focaux confondus sont *toujours* dans ce cas.

Supposons, en effet, que $v =$ const. soient les développables de la congruence, l'expression de $\omega(dx)$ doit se réduire à dv^2 ; on a

$$\omega(dx) = \omega\left(\frac{\partial x}{\partial u}\right) du^2 + 2\,\omega\left(\frac{\partial x}{\partial u}\,\middle|\,\frac{\partial x}{\partial v}\right) du\,dv + \omega\left(\frac{\partial x}{\partial v}\right) dv^2;$$

nous aurons donc

$$\omega\left(\frac{\partial x}{\partial u}\right) = 0, \qquad \omega\left(\frac{\partial x}{\partial u}\,\middle|\,\frac{\partial x}{\partial v}\right) = 0.$$

Je considère les expressions suivantes

$$\varphi_i = A\frac{\partial^2 x_i}{\partial u^2} + B\frac{\partial^2 x_i}{\partial u\,\partial v} + C\frac{\partial x_i}{\partial u} + D\frac{\partial x_i}{\partial v} + Gx_i,$$

et je forme

$$\omega(x\,|\,\varphi) = A\,\omega\left(x\,\middle|\,\frac{\partial^2 x}{\partial u^2}\right) + B\,\omega\left(x\,\middle|\,\frac{\partial^2 x}{\partial u\,\partial v}\right) + C\,\omega\left(x\,\middle|\,\frac{\partial x}{\partial u}\right) + D\,\omega\left(x\,\middle|\,\frac{\partial x}{\partial v}\right) + G\,\omega(x),$$

$$\omega\left(\frac{\partial x}{\partial u}\,\middle|\,\varphi\right) = A\,\omega\left(\frac{\partial x}{\partial u}\,\middle|\,\frac{\partial^2 x}{\partial u^2}\right) + B\,\omega\left(\frac{\partial x}{\partial u}\,\middle|\,\frac{\partial^2 x}{\partial u\,\partial v}\right) + C\,\omega\left(\frac{\partial x}{\partial u}\right) + D\,\omega\left(\frac{\partial x}{\partial u}\,\middle|\,\frac{\partial x}{\partial v}\right) + G\,\omega\left(x\,\middle|\,\frac{\partial x}{\partial u}\right).$$

Ces deux expressions sont nulles. On a, en effet,

$$\omega(x) = 0, \qquad \frac{1}{2}\frac{\partial\,\omega(x)}{\partial u} = \omega\left(x\,\middle|\,\frac{\partial x}{\partial u}\right) = 0, \qquad \frac{1}{2}\frac{\partial\,\omega(x)}{\partial v} = \omega\left(x\,\middle|\,\frac{\partial x}{\partial v}\right) = 0,$$

$$\frac{\partial\,\omega\left(x\,\middle|\,\frac{\partial x}{\partial u}\right)}{\partial u} = \omega\left(x\,\middle|\,\frac{\partial^2 x}{\partial u^2}\right) + \omega\left(\frac{\partial x}{\partial u}\right) = 0,$$

et comme $\omega\left(\frac{\partial x}{\partial u}\right) = 0$, on a

$$\omega\left(x\,\middle|\,\frac{\partial^2 x}{\partial u^2}\right) = 0;$$

de même

$$\frac{\partial\,\omega\left(x\,\middle|\,\frac{\partial x}{\partial u}\right)}{\partial v} = \omega\left(x\,\middle|\,\frac{\partial^2 x}{\partial u\,\partial v}\right) + \omega\left(\frac{\partial x}{\partial u}\,\middle|\,\frac{\partial x}{\partial v}\right) = 0,$$

et comme $\omega\left(\frac{\partial x}{\partial u}\,\middle|\,\frac{\partial x}{\partial v}\right) = 0$, on a

$$\omega\left(x\,\middle|\,\frac{\partial^2 x}{\partial u\,\partial v}\right) = 0.$$

On a donc bien

$$(32)\qquad \begin{cases} 2\,\omega(x\,|\,\varphi) = \sum \dfrac{\partial\,\omega(x)}{\partial x_i}\varphi_i = 0, \\[2ex] 2\,\omega\left(\dfrac{\partial x}{\partial u}\,\middle|\,\varphi\right) = \sum \dfrac{\partial\,\omega(\xi)}{\partial \xi_i}\varphi_i = 0, \end{cases}$$

où l'on fait, pour un instant, $\xi_i = \frac{\partial x_i}{\partial u}$.

Si l'on avait

$$\frac{\dfrac{\partial\,\omega(\xi)}{\partial\xi_1}}{\dfrac{\partial\,\omega(x)}{\partial x_1}} = \frac{\dfrac{\partial\,\omega(\xi)}{\partial\xi_2}}{\dfrac{\partial\,\omega(x)}{\partial x_2}} = \ldots = \frac{\dfrac{\partial\,\omega(\xi)}{\partial\xi_6}}{\dfrac{\partial\,\omega(x)}{\partial x_6}},$$

il viendrait, en appelant ρ la valeur commune de ces rapports,

$$\frac{\partial\,\omega(\xi - \rho x)}{\partial(\xi_i - \rho x_i)} = 0 \qquad (i = 1, 2, \ldots, 6),$$

ce qui exigerait que

$$\xi_i - \rho x_i = 0$$

ou

$$\frac{\partial x_i}{\partial u} = \rho x_i,$$

d'où

$$x_i = e^{\int \rho\, du}\,V_i;$$

les rapports des x_i ne dépendraient que de v, ce qui est contraire à nos hypothèses.

L'un au moins des déterminants

$$\frac{\partial\,\omega(\xi)}{\partial\xi_i}\,\frac{\partial\,\omega(x)}{\partial x_k} - \frac{\partial\,\omega(\xi)}{\partial\xi_k}\,\frac{\partial\,\omega(x)}{\partial x_i}$$

n'est pas nul, d'après ce qui précède. Par exemple, celui qui correspond aux indices $i = 1$, $k = 2$. On peut alors déterminer l'équation

$$\text{(33)} \qquad A\frac{\partial^2\theta}{\partial u^2} + B\frac{\partial^2\theta}{\partial u\,\partial v} + C\frac{\partial\theta}{\partial u} + D\frac{\partial\theta}{\partial v} + G\theta = 0$$

de façon qu'elle admette les solutions x_3, x_4, x_5, x_6; φ_3, φ_4, φ_5, φ_6 étant nuls, les équations (32) donneront dès lors, pour φ_1, φ_2, des valeurs nulles puisque le déterminant correspondant n'est pas nul.

Les six expressions φ_i étant ainsi nulles, les six coordonnées x_i vérifient l'équation (33). La congruence admet donc un complexe linéaire osculateur.

73. Mais ce cas n'est pas le seul.

Prenons, par exemple, une congruence G contenue dans un complexe linéaire. Les deux surfaces focales sont polaires réciproques par rapport à ce complexe. En effet, soit Δ une droite de la congruence et (F, Φ), (F', Φ') les couples focaux. Le couple (F, Φ') est le faisceau plan osculateur de la courbe C tracée sur la surface S (n° 66); ce faisceau plan appartient donc au complexe linéaire, attendu que les tangentes de C appartiennent à ce complexe (n° 53). Le plan Φ' est ainsi le plan polaire de F dans le complexe; pareillement, le plan Φ est le plan polaire de F'. Les deux faisceaux plans (F, Φ), (F', Φ') sont polaires l'un de l'autre et, par suite, les deux surfaces focales S et S' qu'ils enveloppent sont polaires l'une de l'autre par rapport au complexe.

Il y a même plus : lorsque le point F décrira sur S une courbe ou, plus exactement, lorsque le faisceau plan (F, Φ) décrira un *bandeau* circonscrit à S, le faisceau plan (F', Φ') décrira le bandeau réciproque circonscrit à S'. Si, en particulier, le bandeau est un bandeau asymptotique de S, c'est-à-dire un bandeau dans lequel le lieu du point F est une asymptotique de S, le bandeau correspondant de S' sera également asymptotique. Cela tient à ce que, par dualité, les bandeaux asymptotiques d'une surface se transforment dans ceux de la surface transformée.

Autrement dit, les asymptotiques se correspondent sur les surfaces focales.

Cette propriété remarquable est générale, ainsi que l'a montré M. G. Darboux, et les considérations précédentes permettent d'en donner une démonstration immédiate.

Soit une congruence G, qui admet, suivant sa droite x, un complexe linéaire osculateur C_x; soit S une surface focale, et considérons les tangentes de S qui font partie du complexe C_x. J'appelle S_1 la polaire réciproque de S dans le complexe C_x, la surface S_1 sera la seconde surface focale de la congruence G_1 des droites tangentes à S qui font partie de C_x; soit enfin S' la seconde surface focale de la congruence G. Autour de la droite x, les congruences G et G_1 coïncident jusqu'aux propriétés qui dépendent du troisième ordre. Les deux surfaces focales S' et S_1 doivent donc être tangentes au point F' où x touche S' et, de plus, les éléments du second ordre de S' et S_1 doivent être les mêmes autour de F'. Les tangentes asymptotiques de S' et de S_1 doivent coïncider.

Mais si F se déplace sur une tangente asymptotique de S, F' se déplace sur S_1 suivant une tangente asymptotique, donc suivant une tangente asymptotique de S'. Il est ainsi établi que les déplacements asymptotiques sur S et S' se correspondent. Les asymptotiques de S et de S' se correspondent donc.

Nous aurons occasion de revenir sur cette question.

CHAPITRE V.

COORDONNÉES DE KLEIN. — GÉOMÉTRIE ANALLAGMATIQUE.

Coordonnées tétraédriques. — Forme caractéristique de $\omega(x)$; réciproque. — Forme de M. Klein. — Système de six complexes linéaires en involution deux à deux. — Configuration remarquable qu'ils forment. — Propriétés des quinze congruences C_{ij}. — Notation particulière pour leurs directrices. — Les demi-quadriques Q_{ijk}. — Les dix quadriques fondamentales. — Les tétraèdres fondamentaux. — Relations remarquables entre les quadriques et les tétraèdres. — Digression sur une configuration offerte par trois complexes linéaires en involution deux à deux. — Groupement des sommets et des faces des tétraèdres. — Propriétés des permutations de six lettres. — Les tétraèdres desmiques. — Distribution sur une conique des six pôles d'un même plan. — Configuration des seize points et des seize plans. — Transformations qui font revenir sur elle-même la forme fondamentale. — Quelques généralités sur les espaces à n dimensions. — Représentation d'une quadrique sur un plan. — La projection stéréographique. — Correspondance entre la Géométrie projective sur une quadrique et la Géométrie anallagmatique dans un plan. — La Géométrie de l'espace réglé est identique à la Géométrie anallagmatique d'un espace à quatre dimensions.

74. Nous avons défini au n° 3 un système particulier de coordonnées r_{ik} de la ligne droite, dont la notion se trouve liée à celle d'un certain tétraèdre de coordonnées.

Nous avons indiqué ensuite comment on pouvait substituer à ces coordonnées de nouvelles coordonnées au moyen des formules de transformation

$$r_{ik} = A_{ik,1}x_1 + A_{ik,2}x_2 + \ldots + A_{ik,6}x_6,$$

dans lesquelles le déterminant de la transformation n'est pas nul. Les équations

$$x_i = 0$$

représentent chacun un complexe linéaire, et ces six complexes ne font pas évidemment partie d'un même système à cinq termes.

Les variables r_{ik} vérifient la relation

$$r_{12}r_{34} + r_{13}r_{42} + r_{14}r_{23} = 0,$$

et, si on leur substitue les variables x_i, le premier membre de cette équation devient une forme quadratique en $x_1, x_2, \ldots, x_6$,

$$\omega(x).$$

La forme de la fonction $\omega(x)$ caractérise les coordonnées. Il y a deux types particulièrement importants et qui ont, d'ailleurs, entre eux les liens les plus étroits. Le premier est le suivant

$$x_1 x_4 + x_2 x_5 + x_3 x_6,$$

et le second, qui a été considéré par M. Klein en premier lieu, et qui est la base des recherches de ce géomètre, consiste dans la somme de carrés

$$x_1^2 + x_2^2 + \ldots + x_6^2.$$

Nous allons étudier successivement ces deux types.

Nous observerons d'abord que les coordonnées r_{ik} réalisent le premier, et nous allons montrer que, réciproquement, *si les coordonnées réduisent la forme* $\omega(x)$ *au type*

$$\omega(x) = x_1 x_4 + x_2 x_5 + x_3 x_6$$

(somme de trois rectangles), *les* x_ρ *sont des coordonnées* r_{ik} *par rapport à un certain tétraèdre.*

En effet, si nous cherchons la forme adjointe $\Omega(a)$, nous trouverons

$$\Omega(a) = a_4 a_1 + a_5 a_2 + a_6 a_3,$$

c'est-à-dire $\omega(a)$. C'est un de ces cas où la forme adjointe reproduit la forme primitive. Pour le complexe $x_\rho = 0$, tous les coefficients a_i sont nuls, sauf a_ρ, et, par suite, $\Omega(a) = 0$; *les complexes coordonnés sont donc tous spéciaux.*

Montrons maintenant que les directrices de ces complexes sont les arêtes d'un tétraèdre.

La condition d'involution de deux complexes A, B s'écrit ici

$$a_4 b_1 + b_4 a_1 + a_5 b_2 + b_5 a_2 + a_6 b_3 + b_6 a_3 = 0;$$

elle est vérifiée pour chaque couple $x_\rho = 0$, $x_\sigma = 0$ de complexes coordonnés, sauf pour les trois couples d'indices 1 et 4, 2 et 5, 3 et 6.

Prenons, par exemple, les complexes d'indices 1, 2, 3 (*fig.* 1), puisqu'ils sont spéciaux et en involution deux à deux, et qu'ils ne font pas partie d'un même système à deux termes, il en résulte que leurs directrices forment un trièdre ou un triangle : par exemple, un trièdre de sommet O.

Les directrices des complexes 2, 3, 4 forment de même un trièdre ou un triangle; mais si elles formaient un trièdre, la directrice de 4 devrait passer au point de rencontre O des directrices de 2 et de 3; la directrice de 4 couperait donc en O celle du complexe 1, ce qui ne se peut, attendu que 1 et 4 ne sont pas en involution. Donc les directrices de 2, 3, 4 forment un triangle, et la directrice de 4 coupe celle de 2 en un point O_2, celle de 3 en un point O_3.

Si l'on prend ensuite la directrice de 5, elle forme avec celles de 3 et 4 un trièdre ou un triangle. Si elle formait un triangle, elle serait dans le plan OO_2O_3

Fig. 1.

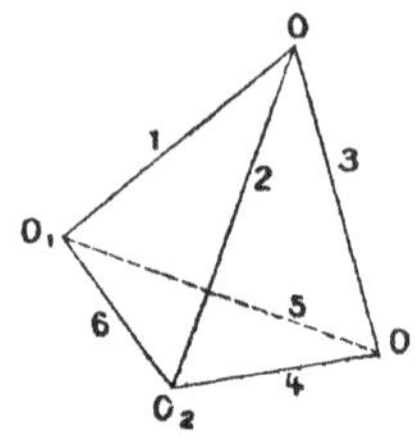

et couperait la directrice de 2, ce qui ne se peut, attendu que 2 et 5 ne sont pas en involution. Donc les directrices de 5, 3, 4 forment un trièdre, et, par suite, la directrice de 5 passe en O_3; de même la directrice de 6 passe en O_2.

Il ne reste plus qu'à prouver que les directrices de 5, 6, 1 se coupent en un même point O_1, c'est-à-dire forment un trièdre. Or, en effet, ces trois directrices se coupent deux à deux; elles forment donc un trièdre ou un triangle. On ne peut admettre qu'elles forment un triangle, car la directrice de 1, étant alors dans le plan des directrices de 5 et de 6, couperait la directrice de 4; et cela ne se peut, puisque 1 et 4 ne sont pas en involution. C'est donc un trièdre que forment les droites directrices des complexes 1, 6, 5.

Il est ainsi établi que les directrices des complexes coordonnés forment un tétraèdre, dans lequel les couples d'arêtes opposées sont les directrices des complexes 1 et 4, 2 et 5, 3 et 6.

On serait arrivé évidemment au même résultat si l'on était parti de l'hypothèse que les directrices de 1, 2, 3 forment un triangle et non un trièdre. On aurait obtenu une configuration dualistique au point de vue des notations de celle que nous avons trouvée.

Ceci posé, affectons de l'indice 1 le point O_1, de l'indice 2 le point O_2, de l'indice 3 le point O_3 et de l'indice 4 le point O; puis considérons les coordonnées r_{ik} définies au n° 4 et prises par rapport à ce tétraèdre.

La directrice du complexe

1	est la droite	$O\,O_1$	ou	41,
2	»	$O\,O_2$	»	42,
3	»	$O\,O_3$	»	43,
4	»	O_2O_3	»	23,
5	»	O_3O_1	»	31,
6	»	O_1O_2	»	12.

Or l'équation

$$r_{ik} = 0$$

est la condition de rencontre d'une droite avec la droite ik; donc, avec le système des r_{ik}, l'équation du complexe

1 sera $r_{41} = 0$,
2 » $r_{42} = 0$,
3 » $r_{43} = 0$,
4 » $r_{23} = 0$,
5 » $r_{31} = 0$,
6 » $r_{12} = 0$,

et, comme les r_{ik} sont des fonctions linéaires de x_ρ, on devra avoir

$$(1) \qquad \left\{ \begin{array}{l} x_1 = \alpha_1 r_{41}, \\ x_2 = \alpha_2 r_{42}, \\ x_3 = \alpha_3 r_{43}, \\ x_4 = \alpha'_1 r_{23}, \\ x_5 = \alpha'_2 r_{31}, \\ x_6 = \alpha'_3 r_{12}, \end{array} \right.$$

où les α, α' sont des constantes. Si l'on forme

$$x_1 x_4 + x_2 x_5 + x_3 x_6 = \alpha_1 \alpha'_1 r_{41} r_{23} + \alpha_2 \alpha'_2 r_{42} r_{31} + \alpha_3 \alpha'_3 r_{43} r_{12};$$

cette forme ne devant différer que par un facteur de

$$r_{41} r_{23} + r_{42} r_{31} + r_{43} r_{12},$$

on voit que

$$(2) \qquad \alpha_1 \alpha'_1 = \alpha_2 \alpha'_2 = \alpha_3 \alpha'_3:$$

mais, et c'est là le point essentiel, les formules (1) montrent bien qu'aux facteurs α près, les x_ρ sont des coordonnées r_{ik} prises par rapport à un certain tétraèdre.

La présence des facteurs α est sans importance, puisque, eu égard aux rela tions (2), on peut les faire rentrer dans les x sans changer la forme

$$x_1 x_4 + x_2 x_5 + x_3 x_6.$$

En somme, effectuer une transformation qui ramène de la forme ci-dessus à cette même forme revient à changer le tétraèdre de référence.

Le lecteur prouvera aisément, comme application des formules qui définissent les r_{ik} au n° 4, que réciproquement tout changement de titres ou de coordonnées se traduit par une transformation linéaire des coordonnées r_{ik}.

75. Les autres coordonnées dont nous allons parler sont dues à M. Klein.

Supposons qu'on ait un système de coordonnées de l'espèce précédente, c'est-à-dire *tétraédriques,* et désignons dès lors ces coordonnées, comme au n° 4, par le symbole r_{ik}. Nous aurons

$$r_{41}r_{23}+r_{42}r_{31}+r_{43}r_{12}=0,$$

ou encore

$$(r_{41}+r_{23})^2+(r_{42}+r_{31})^2+(r_{43}+r_{12})^2-(r_{41}-r_{23})^2-(r_{42}-r_{31})^2-(r_{43}-r_{12})^2=0.$$

La forme fondamentale, *si l'on a égard à la réalité,* est donc décomposable en six carrés, dont trois positifs et trois négatifs.

Effectuons la transformation *réelle*

$$(3)\qquad \left\{\begin{aligned} r_{41}+r_{23}&=x_1,\\ r_{42}+r_{31}&=x_2,\\ r_{43}+r_{12}&=x_3,\\ r_{41}-r_{23}&=x_4,\\ r_{42}-r_{31}&=x_5,\\ r_{43}-r_{12}&=x_6,\end{aligned}\right.$$

et il viendra, pour la forme fondamentale,

$$(4)\qquad x_1^2+x_2^2+x_3^2-x_4^2-x_5^2-x_6^2.$$

Mais des raisons de *symétrie,* qui se présentent aussi dans la théorie des coordonnées penta ou hexasphériques, font désirer de ramener (4) à une *somme* de carrés ([1]). Ce but ne peut être atteint évidemment que par une transformation imaginaire.

Par exemple, aux équations (3) on peut substituer les suivantes :

$$(5)\qquad \left\{\begin{aligned} r_{41}+r_{23}&=x_1, & r_{41}-r_{12}&=x_4\sqrt{-1},\\ r_{42}+r_{31}&=x_2, & r_{42}-r_{31}&=x_5\sqrt{-1},\\ r_{43}+r_{12}&=x_3, & r_{43}-r_{12}&=x_6\sqrt{-1},\end{aligned}\right.$$

([1]) Consulter à cet égard les travaux de M. Darboux : *Sur une classe remarquable de courbes et de surfaces; Sur les groupes de points, de cercles,* et les *Leçons sur la théorie des surfaces.*

et, au lieu de (4), nous aurons

(6) $$x_1^2 + x_2^2 + \ldots + x_6^2,$$

formule symétrique, mais compliquée d'imaginaires.

Cependant, dans l'hypothèse où nous nous sommes placé, les six complexes coordonnés sont réels, attendu que x_1, x_2, x_3 sont réels, et que $\sqrt{-1}$ est en facteur dans x_4, x_5, x_6.

Mais cette circonstance n'aura pas lieu *nécessairement* si nous effectuons *toute autre* transformation linéaire ramenant la forme fondamentale à une somme de six carrés.

76. Une forme quadratique, somme de carrés (mettons six carrés), étant donnée

$$x_1^2 + x_2^2 + \ldots + x_6^2,$$

on appelle *substitution orthogonale* toute transformation linéaire qui conserve à la forme son type, en sorte qu'en vertu des équations de transformation

$$x_i = \alpha_{i,1} y_1 + \alpha_{i,2} y_2 + \ldots + \alpha_{i,6} y_6 \qquad (i = 1, 2, \ldots, 6),$$

on doit avoir

$$x_1^2 + x_2^2 + \ldots + x_6^2 = y_1^2 + y_2^2 + \ldots + y_6^2.$$

En conséquence, en effectuant sur les variables x_i, définies avec précision par les formules (5), une substitution orthogonale quelconque, on aura le type général des coordonnées qui attribuent à la fonction ω la forme d'une somme de carrés.

Les coordonnées ainsi définies sont celles de M. Klein; mais il est aisé de constater que ces coordonnées ne sont pas essentiellement distinctes des coordonnées, en apparence moins générales, que définissent les formules (5).

Ayons, en effet, des coordonnées y_i ramenant ω à la forme

$$y_1^2 + y_2^2 + \ldots + y_6^2,$$

et effectuons la transformation linéaire

(7) $$\left\{\begin{array}{ll} z_1 = y_1 + y_2\sqrt{-1}, & z_4 = y_1 - y_2\sqrt{-1}, \\ z_2 = y_4 + y_4\sqrt{-1}, & z_5 = y_3 - y_4\sqrt{-1}, \\ z_3 = y_5 + y_6\sqrt{-1}, & z_6 = y_5 - y_6\sqrt{-1}, \end{array}\right.$$

l'emploi des variables z ainsi définies ramènera la forme au type tétraédrique

$$z_1 z_4 + z_2 z_5 + z_3 z_6;$$

en sorte que les z_i sont les coordonnées r_{ik} relativement à un certain tétraèdre, tandis que les y, d'après les formules (7), sont celles qui s'en déduiraient précisément par application des formules (5).

Il y a cependant une différence, car ici le tétraèdre auquel se rapportent les coordonnées z_i *peut fort bien être imaginaire*. On conçoit que cette distinction n'ait rien de bien essentiel.

Par cette remarque, le passage d'un système de coordonnées de M. Klein à un autre système analogue peut se ramener au passage d'un système de coordonnées tétraédriques à un autre système tétraédrique, précédé et suivi de la transformation définie par les formules (5).

77. Le système de coordonnées de M. Klein présente une configuration remarquable dont nous allons exposer les principales propriétés.

Il y figure six complexes coordonnés $C_1, C_2, \ldots, C_6$, représentés par les équations respectives

$$x_1 = 0, \qquad x_2 = 0, \qquad \ldots, \qquad x_6 = 0.$$

Aucun de ces complexes n'est spécial, car la forme adjointe de $\omega(x)$ est ici

$$\Omega(a) = a_1^2 + a_2^2 + \ldots + a_6^2;$$

elle n'est nulle pour aucun des complexes C_i.

La condition d'involution des deux complexes

$$a_1 x_1 + a_2 x_2 + \ldots + a_6 x_6 = 0,$$
$$b_1 x_1 + b_2 x_2 + \ldots + b_6 x_6 = 0$$

s'écrit

$$a_1 b_1 + a_2 b_3 + \ldots + a_6 b_6 = 0.$$

On reconnaît ainsi que les complexes C_i, pris deux à deux, sont en involution ou orthogonaux. De là le nom de *sextuplement orthogonal* que l'on donne quelquefois à ce système de coordonnées. M. Klein a donné à l'ensemble des six complexes C_i le nom de *système fondamental*.

Supposons que, réciproquement, les complexes coordonnés $x_1, x_2, \ldots, x_6$ soient en involution deux à deux.

La forme adjointe de la forme fondamentale s'écrivant

$$\Omega(a) = \Sigma A_{ij} a_i a_j,$$

l'involution des complexes

$$x_i = 0, \qquad x_j = 0$$

exige que $A_{ij} = 0$; tous les rectangles doivent manquer dans $\Omega(a)$, et aucun complexe coordonné ne peut être spécial, car, si $x_i = 0$ était spécial, on aurait

$$A_{ii} = 0,$$

et $\Omega(a)$ serait réductible à moins de six carrés. En faisant rentrer dans les a des facteurs constants, on peut donc écrire

$$\Omega(a) = a_1^2 + a_2^2 + \ldots + a_6^2,$$

et alors on a

$$\omega(x) = x_1^2 + x_2^2 + \ldots + x_6^2;$$

le système de coordonnées est celui de M. Klein.

Ceci nous permet de compter le nombre de paramètres contenus dans un système fondamental.

Donnons-nous arbitrairement C_1, nous introduisons ainsi cinq paramètres, car un complexe linéaire dépend de cinq paramètres. Nous prendrons C_2 en involution avec C_1, mais quelconque d'ailleurs : nous introduisons ainsi quatre nouveaux paramètres. C_3 devra être en involution avec C_1 et C_2, mais il contient encore trois paramètres nouveaux. C_4 apportera seulement deux paramètres, car il est assujetti à être en involution avec C_1, C_2, C_3; C_5 contient enfin un seul paramètre, car il doit être en involution avec C_1, C_2, C_3, C_4. Quant à C_6, il est pleinement défini par la condition d'être en involution avec C_1, C_2, C_3, C_4, C_5. Nous avons ainsi construit un système fondamental, et, en vérité, *le plus général.* Nous avons dû introduire dans notre construction

$$5 + 4 + 3 + 2 + 1 = 15$$

paramètres. Tel est le nombre de paramètres que contient le système fondamental.

On observera que, après avoir pris C_1, C_2, ..., C_p réels, nous pouvons prendre ensuite C_{p+1}, ..., C_6 avec des coefficients imaginaires quelconques, en sorte que, *dans un système fondamental, le nombre des complexes imaginaires est arbitraire.* Toutefois, il est impossible qu'il n'y en ait qu'un seul d'imaginaire, car si C_1, C_2, ..., C_5 sont réels, le complexe C_6 est forcément réel; mais il peut y en avoir deux, trois, quatre, cinq ou même six d'imaginaires.

Un tel système exige évidemment, pour être obtenu, une transformation imaginaire.

78. Prenons p des complexes C_i, savoir C_1, C_2, ..., C_p et formons le système à p termes

$$\lambda_1 x_1 + \lambda_2 x_2 + \ldots + \lambda_p x_p = 0;$$

il est clair que, $x_{p+1} = 0, \ldots, x_6 = 0$ étant $(6-p)$ complexes en involution avec $C_1, C_2, \ldots, C_p$, le système complémentaire du système précédent sera

$$\lambda_{p+1} x_{p+1} + \ldots + \lambda_6 x_\sigma = 0.$$

De là de nombreuses conséquences, comme on va le voir.

Soit C_{ij} la congruence commune aux complexes C_i et C_j; elle n'est pas singulière, car son invariant est égal à l'unité. Je désigne par Δ_{ij} et Δ_{ji} ses directrices, qui sont toujours distinctes. J'observe que le système à deux termes formé des complexes qui contiennent la congruence C_{ij} a pour équation

$$x_i + \lambda x_j = 0;$$

son invariant est égal à $1 + \lambda^2$; donc les complexes spéciaux du système auront pour équations

$$\sqrt{-1}\, x_i + x_j = 0,$$
$$\sqrt{-1}\, x_j + x_i = 0.$$

Les coordonnées des directrices de la congruence C_{ij} seront toutes nulles, sauf x_i et x_j, qui seront proportionnelles à $\pm\sqrt{-1}$ et à 1.

Voici comment je fixe les notations :

Je désigne par Δ_{ij} la directrice dont les coordonnées sont $x_i = \sqrt{-1}$, $x_j = 1$, les autres coordonnées étant nulles; dès lors Δ_{ji} aura pour coordonnées $x_j = \sqrt{-1}$, $x_i = 1$, les autres coordonnées étant nulles.

On va voir combien est importante cette fixation des notations au point de vue de la correspondance à établir entre les propriétés de la configuration des six complexes fondamentaux et celles des permutations de six lettres.

Il y a quinze combinaisons de six indices deux à deux; il y a donc quinze congruences C_{ij} et, par suite, trente droites $\Delta_{\rho\sigma}$.

On observera que : *toute droite Δ_{ij} appartient à tout complexe C_k qui n'a avec elle aucun indice commun.* Il y a quatre de ces complexes C_k, C_l, C_m, C_n; ils ont en commun deux droites, Δ_{ij} et Δ_{ji}.

Prenons deux congruences C_{ij}, C_{kl} n'ayant aucun indice commun. *Leurs directrices forment un quadrilatère gauche.* En effet, Δ_{ij}, par exemple, appartient, d'après ce qui précède, aux complexes C_k et C_l: donc Δ_{ij} appartient à la congruence C_{kl} et coupe, en conséquence, Δ_{kl} et Δ_{lk}.

Supposons, au contraire, que C_{ij} et C_{ik} aient un indice commun i; dans ce cas, les directrices ne sauraient se couper; en effet, soient l, m, n les trois indices autres que i, j, k; les complexes C_l, C_m, C_n contiennent les directrices de C_{ij}, C_{ik}; donc ces directrices appartiennent à la demi-quadrique Q_{lmn} commune à ces trois complexes.

Les complexes C_i, associés par trois, donnent lieu à vingt demi-quadriques. Ces demi-quadriques vont par couples de demi-quadriques complémentaires. Il est clair, en effet, que les deux demi-quadriques

$$Q_{ijk}, \quad Q_{lmn},$$

sans indice commun, sont complémentaires; elles sont portées par une même quadrique que je représente par le symbole

$$(Q_{ijk}, \quad Q_{lmn}).$$

Il y a donc dix de ces quadriques. M. Klein leur a donné le nom de *quadriques fondamentales*.

Deux demi-quadriques ayant un indice commun

$$Q_{ikl}, \quad Q_{imn}$$

n'ont en commun aucune droite, car si une droite commune existait, elle serait commune aux cinq complexes C_i, C_k, C_l, C_m, C_n. Les complémentaires de ces deux demi-quadriques sont

$$Q_{jmn}, \quad Q_{jkl},$$

et elles ont aussi un indice j commun.

Considérons, au contraire, deux demi-quadriques ayant deux indices communs

$$Q_{ijk}, \quad Q_{ijl},$$

ces demi-quadriques ont en commun les droites Δ_{mn}, Δ_{nm}, directrices de C_{mn}. Leurs complémentaires seront

$$Q_{mnl}, \quad Q_{mnk},$$

et ces complémentaires ont en commun Δ_{ij}, Δ_{ji}.

Donc les deux quadriques fondamentales

$$(Q_{ijk}, Q_{mnl}), \quad (Q_{ijl}, Q_{mnk})$$

se coupent suivant le quadrilatère gauche, formé par les droites Δ_{ij}, Δ_{ji}, Δ_{mn}, Δ_{nm}.

Si une congruence C_{ij} n'a aucun indice commun avec une demi-quadrique Q_{lmn}, elle en a deux communs avec la demi-quadrique complémentaire Q_{ijk} et ses directrices sont portées par cette demi-quadrique; elles sont donc tracées sur la quadrique

$$(Q_{ijk}, Q_{lmn}).$$

Ainsi, *pour qu'une congruence ait ses directrices sur une quadrique fondamentale, il faut et il suffit qu'elle ait deux ou zéro indices communs avec l'une ou l'autre des demi-quadriques qui constituent la quadrique fondamentale proposée.*

Mais il peut arriver que la congruence C_{ij} ait un indice commun avec chacune de ces demi-quadriques

$$Q_{ikl}, \quad Q_{jmn};$$

on peut prouver que, *dans ce cas, les droites* Δ_{ij}, Δ_{ji} *sont conjuguées par rapport à la quadrique fondamentale proposée*

$$(Q_{ikl}, \quad Q_{jmn}).$$

En effet, Δ_{mn}, Δ_{nm}, Δ_{kl}, Δ_{lk} forment un quadrilatère gauche sur cette qua-

Fig. 2.

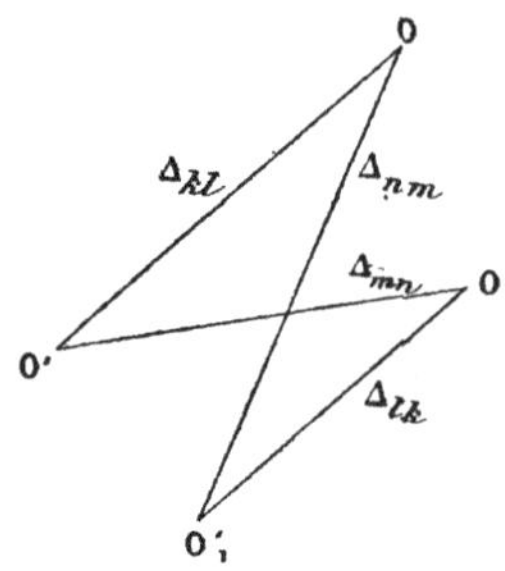

drique; Δ_{kl} coupe Δ_{mn} et Δ_{nm} en deux points O, O', et Δ_{lk} coupe ces deux mêmes droites en O_1, O'_1. La droite Δ_{ij} coupe les quatre droites Δ_{kl}, Δ_{lk}, Δ_{mn}, Δ_{nm}; donc, puisque Δ_{ij} n'est pas tracée sur la quadrique, il faut que les points où elle perce cette surface soient deux des quatre points O, O', O_1, O'_1; ils ne peuvent être que O, O_1 ou O', O'_1. De même pour Δ_{ji}. Donc les droites Δ_{ij}, Δ_{ji} sont précisément celles qui joignent O et O_1, O' et O'_1 : ce sont donc les diagonales du quadrilatère gauche. En conséquence, elles sont bien conjuguées par rapport à la quadrique proposée.

Mais notre raisonnement nous prouve quelque chose de plus.

Les droites Δ_{ij}, Δ_{ji}, Δ_{kl}, Δ_{lk}, Δ_{mn}, Δ_{nm} sont les arêtes d'un tétraèdre.

Ainsi :

Les directrices de trois congruences C_{ij}, C_{kl}, C_{mn} *sans indices communs forment un tétraèdre.*

Je désigne par $T(ij, kl, mn)$ ce tétraèdre.

On peut donner de ce fait une autre démonstration.

Je rappelle que le complexe spécial dont $\Delta_{\rho\sigma}$ est la directrice a pour équation

$$\sqrt{-1}\,x_\rho + x_\sigma = 0.$$

Posons, en conséquence, d'une façon générale,

$$Z_{\rho\sigma} = \sqrt{-1}\,x_\rho + x_\sigma.$$

On aura

$$\begin{aligned}
Z_{ij}Z_{ji} + Z_{kl}Z_{lk} + Z_{mn}Z_{nm} &= (\sqrt{-1}\,x_i + x_j)(\sqrt{-1}\,x_j + x_i) \\
&\quad + (\sqrt{-1}\,x_k + x_l)(\sqrt{-1}\,x_l + x_k) + (\sqrt{-1}\,x_m + x_n)(\sqrt{-1}\,x_n + x_m) \\
&= -(x_i x_j + x_k x_l + x_m x_n) \\
&\quad + \sqrt{-1}\,(x_i^2 + x_j^2 + x_k^2 + x_l^2 + x_m^2 + x_n^2) + (x_i x_j + x_k x_l + x_m x_n) \\
&= \sqrt{-1}\,(x_i^2 + x_j^2 + x_k^2 + x_l^2 + x_m^2 + x_n^2).
\end{aligned}$$

Les formules de transformation

$$\begin{aligned}
Z_{ij} &= \sqrt{-1}\,x_i + x_j, \\
Z_{ji} &= \sqrt{-1}\,x_j + x_i, \\
Z_{kl} &= \sqrt{-1}\,x_k + x_l, \\
Z_{lk} &= \sqrt{-1}\,x_l + x_k, \\
Z_{mn} &= \sqrt{-1}\,x_m + x_n, \\
Z_{nm} &= \sqrt{-1}\,x_n + x_m
\end{aligned}$$

attribuent donc à la formule quadratique $\omega(x)$ la forme *tétraédrique*

$$Z_{ij}Z_{ji} + Z_{kl}Z_{lk} + Z_{mn}Z_{nm},$$

et, par suite, conformément au n° **74**, les axes des six complexes spéciaux

$$Z_{ij} = 0, \quad Z_{ji} = 0, \quad Z_{kl} = 0, \quad Z_{lk} = 0, \quad Z_{mn} = 0, \quad Z_{nm} = 0,$$

c'est-à-dire les directrices des congruences C_{ij}, C_{kl}, C_{mn} forment un tétraèdre.

79. Disposons les directrices de ces congruences suivant le Tableau ci-après :

$$\begin{array}{ccc} \Delta_{ij}, & \Delta_{kl}, & \Delta_{mn}, \\ \Delta_{ji}, & \Delta_{lk}, & \Delta_{nm}; \end{array}$$

il est clair que toutes les droites de ce Tableau se coupent, sauf celles qui sont sur une même verticale, et qui constituent précisément les couples d'arêtes opposées du tétraèdre $T(ij, kl, mn)$.

On peut, en groupant par trois les droites du Tableau précédent, sans en prendre jamais deux sur une verticale, procéder de plusieurs manières. On peut les prendre toutes trois sur la première ligne, ou deux sur la première et une sur la seconde, ou une sur la première et deux sur la seconde, ou bien enfin toutes les trois sur la seconde. Nous obtiendrons ainsi huit groupes différents de trois droites se coupant deux à deux et formant, en conséquence, soit trièdre, soit triangle.

Nous réalisons de la sorte les quatre trièdres et les quatre triangles de face de notre tétraèdre $T(ij, kl, mn)$.

Supposons, pour fixer les idées, que les droites placées dans la première ligne

$$(\Delta_{ij}, \quad \Delta_{kl}, \quad \Delta_{mn})$$

forment un trièdre de sommet O; les trois autres droites, celles de la seconde ligne

$$(\Delta_{ji}, \quad \Delta_{lk}, \quad \Delta_{nm}),$$

formeront évidemment un triangle qui constitue la face opposée au point de concours des trois premières arêtes.

Si maintenant nous remplaçons dans le symbole

$$(\Delta_{ij}, \quad \Delta_{kl}, \quad \Delta_{mn})$$

une des droites, par exemple Δ_{mn} par la droite de la seconde ligne Δ_{nm}, qui est placée au-dessous, nous obtenons trois droites

$$(\Delta_{ij}, \quad \Delta_{kl}, \quad \Delta_{nm}),$$

qui forment une des faces qui aboutissent au point O.

On voit donc qu'on obtiendra les quatre faces du tétraèdre en prenant un nombre impair (1 ou 3) de droites dans la seconde ligne et un nombre pair (2 ou zéro) dans la première.

On aura, au contraire, les quatre trièdres du tétraèdre en prenant un nombre impair (1 ou 3) de droites dans la première ligne et un nombre pair (2 ou zéro) dans la seconde.

Donc, si les droites

$$(\Delta_{ij},\quad \Delta_{kl},\quad \Delta_{mn})$$

forment un trièdre, il en est de même des triples de droites

$$(\Delta_{ij},\quad \Delta_{kl},\quad \Delta_{nm}),$$
$$(\Delta_{ji},\quad \Delta_{kl},\quad \Delta_{nm}),$$
$$(\quad ji,\quad \Delta_{lk},\quad \Delta_{mn}).$$

tandis que les triples de droites

$$(\Delta_{ji},\quad \Delta_{lk},\quad \Delta_{nm}),$$
$$(\Delta_{ji},\quad \Delta_{kl},\quad \Delta_{mn}).$$
$$(\Delta_{ij},\quad \Delta_{lk},\quad \Delta_{mn}),$$
$$(\Delta_{ij},\quad \Delta_{kl},\quad \Delta_{nm})$$

forment des triangles.

On peut résumer ces faits dans un énoncé très laconique :

Soit le triple de droites

$$(\Delta_{ij},\quad \Delta_{kl},\quad \Delta_{mn}).$$

Ces droites forment trièdre ou triangle; si l'on permute dans l'une de ces droites les deux indices, on a encore trois droites qui se coupent deux à deux et forment encore trièdre ou triangle, *seulement l'espèce de la configuration est changée, c'est-à-dire que si le premier triple formait triangle, le nouveau forme trièdre, et réciproquement.*

Nous appellerons *fondamentaux* les tétraèdres $T(ij,\ kl,\ mn)$. Il y a quinze de ces tétraèdres. Chacun est, en effet, caractérisé par une distribution en trois couples

$$(ij),\quad (kl),\quad (mn)$$

des indices 1, 2, ..., 6. L'ordre de ces couples importe peu, ainsi que l'ordre des indices dans un couple.

Observons que l'indice 1 figure dans l'un de ces couples. Soit $i = 1$, alors j peut être 2, 3, 4, 5 ou 6, ce qui nous fournit déjà cinq classes de groupements. L'indice associé à l'indice 1 étant choisi, il reste à distribuer les quatre autres indices en deux couples; le nombre des dispositions possibles est égal à la moitié du nombre des combinaisons de quatre objets deux à deux, c'est-à-dire à $\frac{1}{2}\,\frac{4.3}{2} = 3$.

Chaque classe comprend donc 3 dispositions; il y a 5 classes, il y a donc $3 \times 5 = 15$ tétraèdres.

Considérons une directrice Δ_{ij} de la congruence C_{ij}; cette directrice est coupée par les directrices des congruences

$$C_{kl} \text{ et } C_{mn}, \qquad C_{km} \text{ et } C_{ln}, \qquad C_{kn} \text{ et } C_{lm}.$$

Nous associons par deux ces congruences, parce que les directrices de C_{kl} et C_{mn}, par exemple, coupent Δ_{ij} aux deux mêmes points. Sur chaque droite Δ_{ij} nous avons donc trois couples de sommets de tétraèdres fondamentaux. *Ces trois couples, pris deux à deux, sont en relation harmonique.*

Par exemple, les deux points où Δ_{kl}, Δ_{lk} coupent Δ_{ij} forment une proportion harmonique avec ceux où Δ_{ij} est coupée par Δ_{km} et Δ_{mk}. En effet, les deux premiers points sont deux sommets du tétraèdre $T(ij, kl, mn)$, et les deux autres sont ceux où l'arête Δ_{ij}, qui les porte, perce la quadrique

$$(Q_{ikl}, \quad Q_{jmn}).$$

Donc, puisque le tétraèdre $T(ij, kl, mn)$ est conjugué par rapport à cette conique, la propriété harmonique a bien lieu.

80. Nous avons vu que le tétraèdre $T(ij, kl, mn)$ a deux de ses couples d'arêtes opposées Δ_{kl}, Δ_{lk}, Δ_{mn}, Δ_{nm} sur la quadrique

$$(Q_{ikl}, \quad Q_{jmn}),$$

tandis que les arêtes opposées Δ_{ij}, Δ_{ji} sont conjuguées par rapport à cette quadrique.

On a formé cette quadrique au moyen du groupement des indices en trois couples

$$ij, \quad kl, \quad mn,$$

en prenant pour Q_{ikl} un indice dans un de ces couples (l'indice i), deux dans un autre (k et l) et zéro dans le dernier (m et n); Q_{jmn} est formé de même en prenant un indice dans un des deux couples, deux dans un second et zéro dans le troisième.

Il y a visiblement six quadriques fondamentales qui contiennent ainsi chacune deux couples d'arêtes opposées de $T(ij, kl, mn)$ en effet; contiennent tous les couples d'arêtes opposées, sauf Δ_{ij}, Δ_{ji}, les deux quadriques

$$(Q_{ikl}, \quad Q_{jmn}), \qquad (Q_{imn}, \quad Q_{jkl});$$

item, sauf Δ_{kl}, Δ_{lk}, les deux quadriques

$$(Q_{kij}, \quad Q_{lmn}), \qquad (Q_{kmn}, \quad Q_{lij});$$

item, sauf Δ_{mn}, Δ_{nm}, les deux quadriques

$$(Q_{mij}, \quad Q_{nkl}), \qquad (Q_{mkl}, \quad Q_{nij}).$$

Restent quatre autres quadriques fondamentales qui ne contiennent aucune arête du tétraèdre proposé : ce sont les quadriques que l'on obtient en prenant pour chacune des demi-quadriques composantes un des trois indices (et un seulement) dans chacun des couples

$$ij, \quad kl, \quad mn.$$

On trouve ainsi les quadriques fondamentales

$$(Q_{ikm}, \quad Q_{jln}),$$
$$(Q_{ilm}, \quad Q_{jkn}),$$
$$(Q_{ikn}, \quad Q_{jlm}),$$
$$(Q_{iln}, \quad Q_{jkm}).$$

Ces quatre quadriques admettent le tétraèdre $T(ij, kl, mn)$ comme tétraèdre conjugué commun.

Nous avons vu en effet qu'une quadrique fondamentale étant donnée, par exemple,

$$(Q_{ikm}, \quad Q_{jln}),$$

toute congruence qui a un indice commun avec ses deux demi-quadriques composantes Q_{ikm}, Q_{jln}, par exemple C_{ij}, a ses deux directrices conjuguées par rapport à la quadrique.

Donc, eu égard précisément au mode de formation de nos quatre quadriques, on voit que les directrices de C_{ij}, C_{kl}, C_{mn} forment autant de couples de droites conjuguées communes à ces quatre quadriques; ces droites formant le tétraèdre $T(ij, kl, mn)$, on voit bien que ce tétraèdre est conjugué à la fois par rapport à ces quatre quadriques.

On peut rattacher cette propriété à une autre qui concerne trois complexes linéaires en involution.

Soient trois complexes linéaires C_i, C_j, C_k en involution deux à deux; O un point de l'espace; π_i, π_j, π_k ses plans polaires dans les trois complexes; α_{ij}, α_{jk}, α_{ik} les intersections de ces plans.

Sur la droite α_{ij} est le point O_k, pôle de π_i dans le complexe C_j et sur α_{ik} est le point O_j, pôle de π_i dans le complexe C_k.

Puisque O et O_k sont pôles d'un même plan π_i, dans C_i et C_j respectivement, il en résulte que O_k et O (eu égard à l'involution) sont pôles d'un même plan dans ces deux complexes C_i et C_j respectivement (*fig.* 3).

Fig. 3.

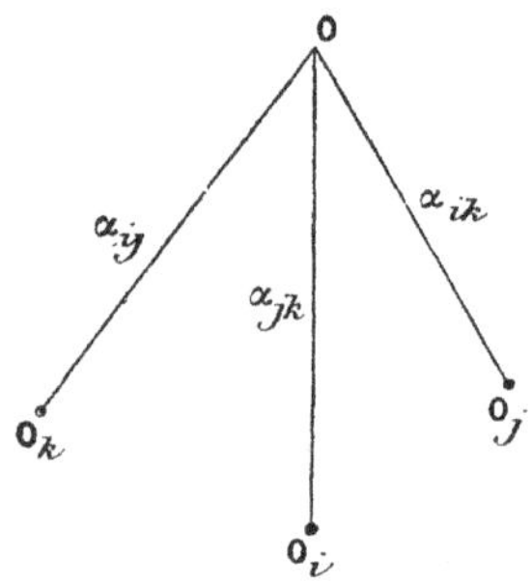

Comme π_j est le plan polaire de O dans C_j, on voit que π_j est le plan polaire de O_k dans C_i. Ainsi O_k est pôle de π_i dans C_j et de π_j dans C_i. De même le point O_j est le pôle de π_k dans C_i et de π_i dans C_k.

On verra de même qu'il existe sur α_{jk} un point O_i, qui est à la fois le pôle de π_k dans C_j et de π_j dans C_k. Enfin le plan π des points O_i, O_j, O_k est le pôle de ces points dans chacun des complexes C_i, C_j, C_k respectivement.

En effet, prouvons par exemple que O_i est le pôle du plan π dans le complexe C_i. Il suffit de prouver que O_iO_k et O_iO_j sont deux droites de ce complexe. Or, en effet, O_iO_k est issue du point O_k dans le plan π_j polaire de O_k dans C_i, et O_iO_j est issue de O_j dans le plan π_k polaire de O_j dans C_i.

Nous avons ainsi formé un tétraèdre tel que chaque plan de faces admet comme pôles dans les trois complexes précisément les trois sommets qu'il contient.

La loi de répartition des pôles et des plans polaires donne lieu au schéma suivant :

	O	O_i	O_j	O_k
π	★	C_i	C_j	C_k
π_i	C_i	★	C_k	C_j
π_j	C_j	C_k	★	C_i
π_k	C_k	C_j	C_i	★

Prenons un plan dans la colonne de gauche et un sommet dans la ligne du haut; par exemple π_i et O_j, à l'intersection de la ligne π_i et de la colonne O_j se trouve C_k; c'est le complexe par rapport auquel π_i et O_j sont conjugués.

Si j'avais pris π_i et O_i, je serais tombé sur une case vide; c'est qu'en effet O_i est le sommet opposé à π_i, et, par suite, ce point et ce plan ne peuvent être conjugués dans aucun complexe.

Soient Δ_{ij}, Δ_{ji} les directrices de la congruence C_{ij} commune aux complexes C_i et C_j. Ces droites coupent OO_k et O_iO_j, car ces dernières droites appartiennent à la fois aux complexes C_i et C_j. Mais il y a plus : puisque O_i et O_j sont les pôles d'un même plan π dans les complexes C_i et C_j respectivement, on voit que le segment O_iO_j est divisé harmoniquement par les droites Δ_{ij}, Δ_{ji}, en vertu des propriétés déjà démontrées des complexes en involution.

Or envisageons la demi-quadrique

$$Q_{ijk},$$

commune aux complexes C_i, C_j, C_k; la demi-quadrique complémentaire contient évidemment Δ_{ij}, Δ_{ji}; donc les points où la droite O_iO_j coupe Δ_{ij}, Δ_{ji} sont aussi ceux où elle coupe la quadrique qui porte la demi-quadrique Q_{ijk}. En conséquence, O_i et O_j sont conjugués par rapport à cette quadrique. Le même raisonnement s'applique aux autres arêtes du tétraèdre. On voit donc que :

Le tétraèdre $OO_iO_jO_k$ *est conjugué par rapport à la quadrique qui porte la demi-quadrique* Q_{ijk}.

Prenons, par exemple, le tétraèdre

$$T(ij, kl, mn)$$

et une des quatre quadriques fondamentales déjà considérées

$$(Q_{ikm}, Q_{jln}).$$

Le tétraèdre $T(ij, kl, mn)$ est tel que les plans de ses faces ont pour pôles, par rapport aux complexes C_i, C_k, C_m, les trois sommets situés dans chacun de ces plans.

Admettons, en effet, que Δ_{ij}, Δ_{kl}, Δ_{mn} forment un triangle; appelons π le plan de ce triangle, toute droite issue du point $(\Delta_{ij}, \Delta_{kl})$ (intersection de Δ_{ij} et Δ_{kl}) et tracée dans le plan π, coupe Δ_{mn} et Δ_{nm}; elle appartient donc à C_{mn} et, par suite, à C_m. Ainsi, le point $(\Delta_{ij}, \Delta_{kl})$ est le pôle de π dans C_m; de même le point $(\Delta_{ij}, \Delta_{mn})$ est le pôle de π dans C_k, et enfin $(\Delta_{mn}, \Delta_{kl})$ est le pôle de π dans C_i. Le tétraèdre $T(ij, kl, mn)$ est donc bien dans le cas du tétraèdre

$OO_iO_jO_k$ de tout à l'heure, il est donc conjugué par rapport à la quadrique qui porte Q_{ikm} et Q_{jln}.

Fig. 4.

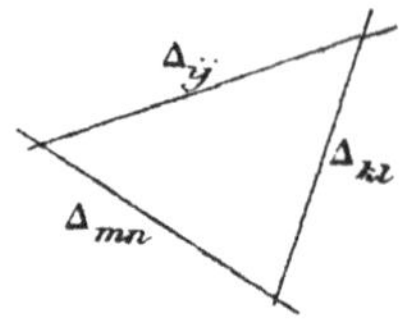

Nous compléterons ce qui concerne l'ensemble de ces quatre quadriques, qui admettent comme conjugué le tétraèdre $T(ij, kl, mn)$ en prouvant à leur égard une propriété intéressante.

Chacune de ces quadriques est à elle-même sa propre polaire réciproque par rapport à une quelconque des trois autres.

On observe d'abord que ces quatre quadriques se coupent deux à deux suivant quatre droites. Prenons-en deux quelconques

$$(Q_{ikm}, \quad Q_{jln}),$$
$$(Q_{ilm}, \quad Q_{jkn});$$

elles se coupent suivant les directrices de C_{im} et de C_{jn}, qui forment un tétraèdre avec Δ_{kl} et Δ_{lk}.

Donc Δ_{kl} et Δ_{lk} coupent ces deux quadriques aux mêmes points. Prenons alors une des quatre autres arêtes du tétraèdre $T(ij, kl, mn)$, par exemple Δ_{ij}, les deux segments que ces deux quadriques déterminent sur Δ_{ij} sont ceux qu'y déterminent les directrices des congruences C_{km} et C_{kn}; d'après la remarque qui termine le n° 79, ces deux couples de points sont en relation harmonique.

Voilà donc deux quadriques Q, Q' qui ont un tétraèdre conjugué commun $T(ij, kl, mn)$, qui se coupent suivant quatre droites formant un quadrilatère gauche dont Δ_{kl}, Δ_{lk} sont les diagonales et qui, enfin, déterminent sur les quatre autres arêtes du tétraèdre envisagé, des couples de segments en relation harmonique.

Rapportée au tétraèdre conjugué commun, l'équation de Q sera

$$X^2 + Y^2 + Z^2 + T^2 = 0,$$

et si $X = 0$, $Y = 0$ sont les équations de Δ_{kl}, celles de Δ_{lk} seront

$$Z = 0, \qquad T = 0.$$

Les propriétés harmoniques démontrées prouvent alors que Q' aura une équation de la forme

$$X^2 + Y^2 - Z^2 - T^2 = 0,$$

et l'on reconnaît bien ainsi que les deux quadriques sont leurs propres polaires réciproques l'une par rapport à l'autre.

81. Pour nous représenter plus complètement la configuration des droites Δ_{ij}, on peut introduire un symbole qui met en évidence une intéressante correspondance entre les propriétés de cette configuration et celles des permutations de six lettres.

Trois droites Δ_{ij}, Δ_{kl}, Δ_{mn} sans indice commun forment toujours un hyperfaisceau (trièdre ou triangle).

Je représente cet hyperfaisceau par la notation

$$(ij,\ kl,\ mn).$$

Il y a autant de symboles de cette forme qu'il y a de permutations de six lettres; soit 720. Mais j'observe qu'on peut permuter les couples d'indices ij, kl, mn sans que le symbole cesse de s'appliquer à l'ensemble des trois droites Δ_{ij}, Δ_{kl}, Δ_{mn} : les six permutations

$$(ij,\ kl,\ mn),\quad (kl,\ ij,\ mn),\quad (mn,\ kl,\ ij),$$
$$(ij,\ mn,\ kl),\quad (mn,\ ij,\ kl),\quad (kl,\ mn,\ ij)$$

s'appliquent aux trois mêmes droites. Nous n'avons donc, en réalité, que $\frac{720}{6} = 120$ hyperfaisceaux. Soixante sont des gerbes (sommets de tétraèdres fondamentaux). Soixante sont des plans (faces du tétraèdre).

Il s'agit d'établir une règle pour distinguer.

Il résulte d'abord de ce qui a été dit au n° 79 que, si dans le symbole

$$(ij,\ kl,\ mn)$$

on permute i et j, ou bien k et l, ou bien m et n, la nature de l'hyperfaisceau change.

On peut même ajouter que, en effectuant plusieurs fois ces permutations, on obtient huit hyperfaisceaux, dont quatre sont les sommets du tétraèdre fondamental

$$T(ij,\ kl,\ mn)$$

et les quatre autres les faces de ce même tétraèdre.

J'ajoute maintenant que, *quels que soient* les deux indices que l'on permute dans le symbole $(ij,\ kl,\ mn)$, l'hyperfaisceau qu'il représente change *toujours* de nature.

Comme la permutation de deux indices quelconques résulte d'un nombre impair de permutations d'indices successifs (*voir* la théorie des déterminants) et que le fait est déjà établi pour les deux indices d'un même couple ij, kl, mn, il suffit d'établir qu'il est vrai pour deux indices consécutifs de deux couples différents, par exemple, pour m et l.

Considérons donc l'hyperfaisceau

$$(ij,\ km,\ ln)$$

et établissons qu'il est d'espèce différente de celle de l'hyperfaisceau primitif

$$(ij,\ kl,\ mn).$$

Cherchons pour cela si ces hyperfaisceaux ont des droites communes.

L'hyperfaisceau $(ij,\ kl,\ mn)$ est formé des droites qui coupent Δ_{ij}, Δ_{kl}, Δ_{mn}, les droites de cet hyperfaisceau vérifient donc les équations

$$\begin{aligned} Z_{ij} &= x_i\sqrt{-1}+x_j=0,\\ Z_{kl} &= x_k\sqrt{-1}+x_l=0,\\ Z_{mn} &= x_m\sqrt{-1}+x_n=0, \end{aligned}$$

c'est-à-dire

$$(8)\qquad \frac{x_i}{\sqrt{-1}}=x_j,\qquad \frac{x_k}{\sqrt{-1}}=x_l,\qquad \frac{x_m}{\sqrt{-1}}=x_n.$$

Pareillement, l'hyperfaisceau $(ij,\ km,\ ln)$ est défini par les équations

$$(9)\qquad \frac{x_i}{\sqrt{-1}}=x_j,\qquad \frac{x_k}{\sqrt{-1}}=x_m,\qquad \frac{x_l}{\sqrt{-1}}=x_n.$$

L'ensemble des équations (8) et (9) se réduit à

$$(10)\qquad \frac{x_i}{\sqrt{-1}}=\frac{x_j}{1},\qquad \frac{x_k}{-1}=\frac{x_l}{\sqrt{-1}}=\frac{x_m}{\sqrt{-1}}=\frac{x_n}{1}.$$

Le rapport $\frac{x_j}{x_i}$ est déterminé, de même que les rapports $\frac{x_l}{x_n}$, $\frac{x_m}{x_n}$, $\frac{x_n}{x_k}$, mais le rapport $\frac{x_k}{x_i}$ demeure arbitraire. Nos deux hyperfaisceaux ont, dès lors, en commun un faisceau plan de droites; cela exige évidemment qu'ils soient d'espèces contraires, et même, de plus, il faut que ces hyperfaisceaux soient *unis*, c'est-à-dire que celui qui est une gerbe ait son sommet dans le plan de celui qui consiste en un système plan de droites. Donc on peut affirmer que si, dans le symbole

$$(ij,\ kl,\ mn),$$

on permute deux indices consécutifs *quelconques*, l'hyperfaisceau qu'il représente change d'espèce.

Comptons, dès lors, comme on le fait dans la théorie des déterminants, le nombre d'inversions présentées par la permutation

$$(ij,\ kl,\ mn);$$

comme la permutation de deux indices consécutifs change la parité du nombre des inversions, on peut dire ceci :

Deux symboles représentent deux hyperfaisceaux de même espèce ou d'espèces différentes, selon que les deux nombres d'inversions qu'ils présentent sont de même parité ou de parités différentes.

Il est bien évident que rien n'indique *a priori* quel genre de parité s'applique aux gerbes ou aux systèmes plans, mais *il suffit que le choix se trouve fixé dans un symbole,* par exemple dans

$$(1\,2\,3\,4\,5\,6),$$

pour que l'on sache à quoi s'en tenir pour tous les autres. Ainsi, si le symbole précédent convient à une gerbe, comme il contient zéro inversions, tous les symboles qui contiennent un nombre pair d'inversions conviennent à des gerbes; aux systèmes plans, au contraire, conviennent ceux qui en présentent un nombre impair.

L'introduction de cette représentation dans l'étude de la configuration du système fondamental y jette, croyons-nous, un certain jour, elle marque un lien entre cette configuration et le système des permutations que l'on peut former avec six indices distincts.

82. Les soixante sommets et les soixante faces des quinze tétraèdres fondamentaux offrent un groupement remarquable.

Considérons les tétraèdres

$$T(ij,\ kl,\ mn),\quad T(ij,\ km,\ ln),\quad T(ij,\ kn,\ lm)$$

que l'on obtient en partageant de toutes les façons possibles les indices k, l, m, n en deux couples (ce qui donne trois dispositions). Ces trois tétraèdres ont visiblement en commun le couple d'arêtes opposées Δ_{ij}, Δ_{ji}.

Sur Δ_{ij}, par exemple, il y a donc trois couples de sommets appartenant chacun à l'un des trois tétraèdres. Ces couples sont deux à deux harmoniques les uns par rapport aux autres. En effet, le trièdre $T(ij,\ kl,\ mn)$ est conjugué par rapport à la quadrique

$$Q = (Q_{ikm},\ Q_{jln}),$$

et celle-ci contient deux couples d'arêtes opposées du tétraèdre $T(ij,\ km,\ ln)$.

La droite Δ_{ij} coupe cette quadrique Q en deux points qui sont précisément les deux sommets de $T(ij, km, ln)$ portés par Δ_{ij}; ces points divisent donc harmoniquement l'arête Δ_{ij} du premier tétraèdre $T(ij, kl, mn)$.

On démontrera de même que les trois couples de face des trois tétraèdres

$$T(ij, kl, mn), \quad T(ij, km, ln), \quad T(ij, kn, lm)$$

qui passent par Δ_{ij} se divisent harmoniquement.

Supposons que les droites Δ_{ij}, Δ_{kl}, Δ_{mn} forment un trièdre; nous appellerons O leur point de concours. Le trièdre de ces droites appartient au tétraèdre $T(ij, kl, mn)$. Par l'arête Δ_{ij} passent, outre les faces de ce tétraèdre, un couple de faces du tétraèdre $T(ij, km, ln)$ et un couple de faces du tétraèdre $T(ij, kn, lm)$.

Les symboles de ces faces sont aisés à former.

Soit d'abord

$$(ij, kl, mn)$$

le symbole du trièdre des droites Δ_{ij}, Δ_{kl}, Δ_{mn}, les symboles

$$(ij, km, ln),$$
$$(ij, mk, nl)$$

sont ceux des deux faces du tétraèdre $T(ij, km, ln)$, qui contiennent Δ_{ij}; pareillement,

$$(ij, kn, ml),$$
$$(ij, nk, lm)$$

sont les symboles des deux faces du tétraèdre $T(ij, kn, ml)$, qui contiennent Δ_{ij}.

La règle de la parité des permutations, donnée au numéro précédent, permet de former sans hésitation ces quatre symboles.

Nous aurons de même, relativement à Δ_{kl},

$$\left.\begin{array}{l}(kl, im, jn)\\(kl, mi, nj)\end{array}\right\}\text{ faces de } T(kl, im, jn) \text{ menées par } \Delta_{kl},$$

$$\left.\begin{array}{l}(kl, in, mj)\\(kl, ni, jm)\end{array}\right\}\text{ faces de } T(kl, in, mj) \text{ menées par } \Delta_{kl};$$

et enfin, relativement à Δ_{mn},

$$\left.\begin{array}{l}(mn, ki, lj)\\(mn, ik, jl)\end{array}\right\}\text{ faces de } T(mn, ki, lj) \text{ menées par } \Delta_{mn},$$

$$\left.\begin{array}{l}(mn, kj, il)\\(mn, jk, li)\end{array}\right\}\text{ faces de } T(mn, kj, il) \text{ menées par } \Delta_{mn}.$$

Nous voyons ainsi que, par tout sommet O d'un tétraèdre fondamental T (ij, kl, mn), il passe, outre les trois faces de ce tétraèdre, douze des faces de six autres tétraèdres fondamentaux, ayant chacun avec le tétraèdre proposé un couple d'arêtes opposées commun.

J'ajoute que *ces douze faces se coupent suivant seize droites* issues de O; c'est-à-dire que tout plan parmi les quatre menés par Δ_{ij}, et tout plan parmi les quatre menés par Δ_{kl}, se coupent dans l'un des quatre plans menés par Δ_{mn}.

Prenons, par exemple, la face

$$(ij, km, ln)$$

menée par Δ_{ij}, et associons-la aux quatre qui sont menées par Δ_{kl}.

Nous pourrons former les quatre groupes :

$$\text{I.}\quad \left\{\begin{array}{l}(ij, km, ln),\\ (kl, im, jn),\\ (mn, kj, il);\end{array}\right.$$

$$\text{II.}\quad \left\{\begin{array}{l}(ij, km, ln),\\ (kl, nj, mi),\\ (mn, li, jk);\end{array}\right.$$

$$\text{III.}\quad \left\{\begin{array}{l}(ij, km, ln),\\ (kl, mj, in),\\ (mn, lj, ki);\end{array}\right.$$

$$\text{IV.}\quad \left\{\begin{array}{l}(ij, km, ln),\\ (kl, ni, jm),\\ (mn, ik, jl).\end{array}\right.$$

Dans ces groupes, le premier plan est toujours celui de la face (ij, km, ln) menée par Δ_{ij}; le second plan est l'un des quatre menés par Δ_{kl}; quant au troisième plan de chaque groupe, c'est l'un des quatre menés par Δ_{mn}; dans chaque groupe, ce troisième plan dépend des trois premiers.

Il est aisé de constater que les trois plans d'un même couple ont en commun une droite; voici la représentation de ces droites pour chacun des quatre triples de faces ci-dessus :

$$\text{I.}\qquad \frac{x_i}{-1} = \frac{x_j}{\sqrt{-1}} = \frac{x_k}{-1} = \frac{x_l}{\sqrt{-1}} = \frac{x_m}{\sqrt{-1}} = \frac{x_n}{1},$$

$$\text{II.}\qquad \frac{x_i}{+1} = \frac{x_j}{-\sqrt{-1}} = \frac{x_k}{-1} = \frac{x_l}{\sqrt{-1}} = \frac{x_m}{\sqrt{-1}} = \frac{x_n}{1},$$

III. $$\frac{x_i}{\sqrt{-1}} = \frac{x_j}{1} = \frac{x_k}{-1} = \frac{x_l}{\sqrt{-1}} = \frac{x_m}{\sqrt{-1}} = \frac{x_n}{1},$$

IV. $$\frac{x_i}{-\sqrt{-1}} = \frac{x_j}{-1} = \frac{x_k}{-1} = \frac{x_l}{\sqrt{-1}} = \frac{x_m}{\sqrt{-1}} = \frac{x_n}{1}.$$

Nous avons de la sorte quatre droites sur la face (ij, km, ln) menée par Δ_{ij}, et, par suite, il y a bien autour de O seize de ces droites.

On peut donner un procédé régulier de formation des coordonnées de ces droites.

Observons que, faisant partie de la gerbe

$$(ij, kl, mn),$$

ces seize droites vérifient forcément les équations

$$\frac{x_i}{\sqrt{-1}} = \frac{x_j}{1}, \quad \frac{x_k}{\sqrt{-1}} = \frac{x_l}{1}, \quad \frac{x_m}{\sqrt{-1}} = \frac{x_n}{1},$$

qu'on peut écrire couramment à la simple lecture du symbole (ij, kl, mn).

Chacune des droites de la gerbe sera donc définie par un système de valeurs des deux rapports

$$\frac{x_j}{x_n}, \quad \frac{x_l}{x_n}.$$

Or ces rapports ne peuvent être que $+1$, -1, $\sqrt{-1}$, $-\sqrt{-1}$; car, dans tous les hyperfaisceaux que nous considérons, les équations que nous aurons à écrire seront toujours de la forme

$$x_\alpha = \varepsilon . x_\beta,$$

où ε égale l'une des quatre quantités ci-dessus, et, comme la multiplication ou la division ne fait que permuter ces quantités, on voit bien que

$$\frac{x_j}{x_n}, \quad \frac{x_l}{x_n}$$

ne pourront être que $+1$, -1, $\sqrt{-1}$ ou $-\sqrt{-1}$.

Cela nous donne donc seize combinaisons possibles, et, comme il nous faut seize droites, ces seize combinaisons seront toutes réalisables.

De la sorte, on obtient les seize droites de la gerbe en prenant $x_1, x_2, \ldots, x_6$ proportionnelles de toutes les façons possibles à $+1$, -1, $\sqrt{-1}$ ou $-\sqrt{-1}$, *de telle sorte cependant que les équations de la gerbe soient* SAUVEGARDÉES,

$$\frac{x_i}{\sqrt{-1}} = \frac{x_j}{1}, \quad \frac{x_k}{\sqrt{-1}} = \frac{x_l}{1}, \quad \frac{x_m}{\sqrt{-1}} = \frac{x_n}{1}.$$

On observe que, pour les quatre droites situées dans *un même* plan mené par Δ_{ij}, les rapports des coordonnées x_k, x_l, x_m, x_n sont les mêmes.

J'appellerai Ξ les droites que nous venons de définir.

Nous aurons un résultat analogue si le symbole

$$(ij,\ kl,\ mn)$$

convient à un système plan. Il y aura douze sommets de tétraèdres fondamentaux situés dans ce plan, en outre des trois sommets de la face, et ces sommets seront distribués par quatre sur les côtés de cette face; ils seront, de plus, par groupes de trois sur seize droites Ξ', dont la représentation analytique est la même que celle des seize droites Ξ.

Mais il y a plus, *ces nouvelles droites* Ξ' *que nous venons d'obtenir ne forment pas un ensemble différent de celui formé par les droites* Ξ.

Considérons, par exemple, la droite commune aux trois systèmes plans

$$(ij,\ km,\ ln),$$
$$(kl,\ im,\ jn),$$
$$(mn,\ kj,\ il),$$

laquelle a pour coordonnées

$$\frac{x_i}{-1} = \frac{x_j}{\sqrt{-1}} = \frac{x_k}{-1} = \frac{x_l}{\sqrt{-1}} = \frac{x_m}{\sqrt{-1}} = \frac{x_n}{1};$$

elle passe déjà par le sommet de la gerbe

$$(ij,\ kl,\ mn);$$

on constate qu'elle fait aussi partie des gerbes

$$(il,\ km,\ jn),$$
$$(im,\ kj,\ ln).$$

Ainsi, toute droite Ξ qui est commune à trois plans de faces sert de jonction à trois sommets (¹).

Le nombre de ces droites est, dès lors, très facile à évaluer. Il y a 60 sommets qui portent chacun 16 droites Ξ; mais comme, d'après ce dénombrement, chaque droite est comptée trois fois puisque chacune contient trois sommets, il

(¹) On entrevoit la possibilité d'établir une correspondance complète entre les groupes de permutations de six lettres et les propriétés de la configuration du système fondamental. Je me contenterai ici de ces indications générales, me réservant de développer plus à fond ces remarques nouvelles dans un écrit particulier.

y aura

$$\frac{60.16}{3} = 320$$

droites Ξ.

83. On peut joindre deux à deux 60 points d'un nombre de manières égal à

$$\frac{60.59}{2} = 1770.$$

Mais chacune des droites Ξ représente à elle seule 3 droites de jonction des sommets deux à deux, soit 960 droites.

Il reste donc $1770 - 960 = 810$ droites de jonction deux à deux.

Or, prenons les arêtes Δ_{ij}; il y a sur chacune six sommets de tétraèdres; chacune représente donc un nombre de droites de jonction deux à deux égal à

$$\frac{5.6}{2} = 15,$$

et, comme il y a 30 de ces arêtes, cela nous fait $30 \times 15 = 450$ droites de jonction. Il en reste donc

$$810 - 450 = 360,$$

qui ne sont pas des arêtes, ni des droites Ξ et qui joignent les sommets deux à deux.

Il est aisé de voir comment on obtiendra ces 360 droites nouvelles, que je désigne par Ξ_0.

Prenons le sommet (ij, kl, mn), qui est à la rencontre des droites $\Delta_{ij}, \Delta_{kl}, \Delta_{mn}$.

Il y a six tétraèdres

$$\begin{array}{ll} T(ij, km, ln), & T(ij, kn, lm), \\ T(kl, im, jn), & T(kl, in, jm), \\ T(mn, ik, jl), & T(mn, il, jk), \end{array}$$

qui ont, avec le tétraèdre $T(ij, kl, mn)$, chacun un couple d'arêtes communes.

Les deux premiers ont chacun deux sommets sur Δ_{ji}, ce qui fait quatre, et de même les deux seconds en donneront quatre sur Δ_{lk} et les deux derniers quatre autres sur Δ_{nm}. En tout, $3 \times 4 = 12$ points.

Cela posé, joignons le sommet

$$(ij, kl, mn)$$

du tétraèdre $T(ij, kl, mn)$ à ces douze sommets.

Nous aurons ainsi douze droites Ξ_0, et nous les aurons toutes de cette manière, car le nombre des droites ainsi obtenu est exactement égal à

$$\frac{60 \times 12}{2} = 360.$$

On obtient donc les droites Ξ_0 en joignant un sommet d'un tétraèdre $T(ij, kl, mn)$, pris sur une arête Δ_{ij} à un sommet, pris sur l'arête opposée Δ_{ji}, d'un autre tétraèdre fondamental assujetti à avoir Δ_{ij} et Δ_{ji} pour arêtes opposées.

On ne manquera pas d'observer que toute droite Ξ_0 est aussi l'intersection de deux plans de faces des tétraèdres ci-dessus considérés.

Cherchons à représenter les droites Ξ_0. Nous allons, pour cela, prendre un hyperfaisceau

$$(ij, kl, mn),$$

disons une gerbe pour préciser; prendre sur Δ_{ji} un sommet de l'un des tétraèdres $T(ij, kn, lm)$, $T(ij, km, ln)$ et joindre au sommet de la gerbe proposée.

Les gerbes du tétraèdre $T(ij, kn, lm)$, qui contiennent Δ_{ij} sont les deux suivantes :

$$(ji, ml, kn),$$
$$(ji, lm, nk);$$

les gerbes du tétraèdre $T(ij, km, ln)$, qui contiennent Δ_{ij}, sont de même

$$(ji, km, ln),$$
$$(ji, mk, nl).$$

Des calculs très simples nous donnent : droite commune aux gerbes (ij, kl, mn), (ji, ml, kn)

$$\frac{x_i}{0} = \frac{x_j}{0} = \frac{x_k}{\sqrt{-1}} = \frac{x_l}{1} = \frac{x_m}{\sqrt{-1}} = \frac{x_n}{1};$$

droite commune aux gerbes (ij, kl, mn), (ji, lm, nk)

$$\frac{x_i}{0} = \frac{x_j}{0} = \frac{x_k}{\sqrt{-1}} = \frac{x_l}{1} = \frac{x_m}{-\sqrt{-1}} = \frac{x_n}{-1};$$

droite commune aux gerbes (ij, kl, mn), (ji, km, ln)

$$\frac{x_i}{0} = \frac{x_j}{0} = \frac{x_k}{\sqrt{-1}} = \frac{x_l}{1} = \frac{x_m}{1} = \frac{x_n}{-\sqrt{-1}};$$

droite commune aux gerbes (ij, kl, mn), (ji, mk, ln)

$$\frac{x_i}{0} = \frac{x_j}{0} = \frac{x_k}{\sqrt{-1}} = \frac{x_l}{1} = \frac{x_m}{-1} = \frac{x_n}{\sqrt{-1}}.$$

On voit aisément que toutes les droites Ξ_0 s'obtiendront en annulant deux des coordonnées, et prenant les quatre autres de toutes les façons possibles proportionnelles à l'une des quatre quantités $+1$, -1, $+\sqrt{-1}$, $-\sqrt{-1}$, de telle sorte cependant que, si $x_i = 0$, $x_j = 0$, on ait deux relations de la forme

$$\frac{x_k}{\sqrt{-1}} = x_l, \qquad \frac{x_m}{\sqrt{-1}} = x_n.$$

84. Nous ne quitterons pas ce sujet sans mettre en évidence une propriété fort curieuse des tétraèdres fondamentaux.

Prenons un sommet (ij, kl, mn) du tétraèdre $T(ij, kl, mn)$. Il y a huit tétraèdres qui n'ont avec lui aucune arête commune. Prenons l'un de ces tétraèdres, par exemple

$$T(ik, jm, ln),$$

et joignons le point (ij, kl, mn) aux sommets de ce tétraèdre; nous aurons ainsi quatre des seize droites Ξ; sur chacune de ces quatre droites il y a donc encore un sommet, ce qui fait quatre sommets; je dis que ces quatre sommets appartiennent à un même tétraèdre fondamental.

Les quatre sommets du tétraèdre $T(ik, jm, ln)$ ont en effet pour symboles

$$(ik, jm, ln), \qquad (ik, mj, nl),$$
$$(ki, mj, ln), \qquad (ki, jm, nl).$$

Or on constate aisément que les trois points

$$(ij, kl, mn), \qquad (ik, jm, ln), \qquad (km, ni, jl)$$

sont en ligne droite; de même les points

$$(ij, kl, mn), \qquad (ik, mj, nl) \quad \text{et} \quad (mk, in, jl),$$
$$(ij, kl, mn), \qquad (ki, mj, ln) \quad \text{et} \quad (km, lj, in),$$
$$(ij, kl, mn), \qquad (ki, jm, nl) \quad \text{et} \quad (mk, ni, lj).$$

On voit bien que les quatre nouveaux points sont les sommets du tétraèdre

$$T(mk, in, lj).$$

Donc : *relativement à chacun des sommets d'un tétraèdre fondamental* $T(ij, kl, mn)$, *les huit tétraèdres fondamentaux qui n'ont avec le précédent aucune arête commune sont deux à deux homologiques.*

De là on peut conclure que trois tétraèdres fondamentaux, qui n'ont en commun aucune arête, forment un système *desmique* de trois tétraèdres, c'est-à-dire que les faces de l'un passent par les seize droites de rencontre des faces des deux autres, et que les sommets de l'un sont sur les seize droites de jonction des sommets des deux autres.

On pourra consulter, au sujet de ces systèmes desmiques, un travail de M. Stéphanos inséré au *Bulletin des Sciences mathématiques*, t. XIV de la collection.

85. Le système fondamental donne lieu à une remarquable correspondance entre les points et les plans de l'espace.

Considérons d'abord un plan π; *les pôles de ce plan dans les six complexes fondamentaux sont sur une même conique.*

En effet, soit O_i le pôle du plan π dans le complexe C_i, et prenons trois de ces points O_1, O_2, O_3. Les complexes C_1, C_2, C_3 permettent, comme on sait, d'associer à ces trois points un quatrième point O tel que le plan OO_2O_3 soit le plan polaire de O dans C_3; OO_3O_1 le plan polaire de O dans C_2; OO_1O_2 le plan polaire de O dans C_0 (*voir* n° 80). Le tétraèdre $OO_1O_2O_3$ est conjugué par rapport à la quadrique Q qui porte la demi-quadrique Q_{123}. Donc le triangle $O_1O_2O_3$ est conjugué par rapport à la conique K trace de Q sur le plan π. Or la quadrique Q porte aussi la demi-quadrique Q_{456}; donc, le triangle $O_4O_5O_6$ est aussi conjugué par rapport à la conique K. Les deux triangles $O_1O_2O_3$ et $O_4O_5O_6$ étant conjugués par rapport à une même conique, leurs sommets sont sur une même conique.

On peut même ajouter que leurs côtés touchent une même conique.

Pareillement : Si l'on distribue en deux trièdres les plans polaires π_1, π_2, π_3, π_4, π_5, π_6 d'un même point O dans les six complexes fondamentaux, les deux trièdres sont conjugués par rapport à un même cône du second degré; leurs arêtes sont sur un même cône du second degré et *leurs faces touchent un troisième cône de second degré.*

86. Conservons les notations précédentes.

Le point O_i et le point O_j étant les pôles d'un même plan π dans C_i et C_j respectivement, le point O_j et le point O_i sont aussi les pôles d'un même plan π_{ij} par rapport à C_i et à C_j. Ce plan π_{ij} passe par la droite O_iO_j; il y a quinze plans π_{ij}.

Prenons les trois plans

$$\pi_{ij},\quad \pi_{jk},\quad \pi_{ki};$$

le point O_{ijk} où ils se coupent est celui que nous avons considéré plus haut et qui est le pôle

$$\begin{array}{lll} \text{de } \pi_{ij} & \text{dans} & C_k) \\ \text{»}\ \ \pi_{jk} & \text{»} & C_i, \\ \text{»}\ \ \pi_{ki} & \text{»} & C_j. \end{array}$$

Prenons maintenant les trois autres indices l, m, n. Nous aurons de même trois plans π_{lm}, π_{mn}, π_{nl} se coupant en un point O_{lmn}.

Mais il est clair que O_{ijk} et O_{lmn} coïncident. Nous savons, en effet, que les tétraèdres $O_{ijk}O_iO_jO_k$, $O_{lmn}O_lO_mO_n$ sont conjugués par rapport à la quadrique Q, qui contient les demi-quadriques complémentaires Q_{ijk}, Q_{lmn}. Donc O_{ijk} et O_{lmn} sont les pôles d'un même plan π par rapport à Q.

Il y a $\frac{6.5.4}{1.2.3} = 20$ combinaisons d'indices trois à trois, et, par suite, il y a vingt tétraèdres

$$O_{ijk}O_iO_jO_k,$$

mais il n'y a que dix points O_{ijk}, puisque O_{ijk} *est identique à* O_{lmn}.

D'après cela, on voit que le point $(O_{ijk} = O_{lmn})$ est le pôle

du plan π_{jk} dans C_i,
» π_{ki} » C_j,
» π_{ij} » C_k,
» π_{mn} » C_l,
» π_{nl} » C_m,
» π_{lm} » C_n.

Nous avons, en résumé, une configuration de seize points

$$O_1,\quad O_2,\quad O_3,\quad O_4,\quad O_5,\quad O_6\quad (O_{123} = O_{456}),\quad (O_{134} = O_{256})\quad (O_{124} = O_{356}),\quad \ldots,$$

et de seize plans

$$\pi,\quad \pi_{12},\quad \pi_{13},\quad \pi_{14},\quad \ldots$$

tels que les pôles des seize plans dans les six complexes fondamentaux font partie des seize points, et que les plans polaires des seize points font partie des seize plans.

Chacun des seize plans contient ainsi six des seize points, et par chacun des seize points passent six des seize plans.

Si l'on prend les pôles de l'un des seize plans par rapport aux dix quadriques fondamentales, on obtient les dix points du système non situés dans ce plan, et si l'on prend les plans polaires d'un des seize points par rapport aux quadriques fondamentales, on obtient les dix plans du système qui ne passent pas par ce point.

87. On peut rattacher cette configuration remarquable à une importante correspondance à laquelle donne lieu le système fondamental.

Nous venons de voir que tout plan π se trouve faire partie d'une configuration de seize plans et de seize points qu'il définit complètement. Nous pouvons dire, en conséquence, que la connaissance d'une gerbe définit une configuration de seize gerbes et de seize systèmes plans dont fait partie la gerbe proposée.

Plus généralement : tout hyperfaisceau fait partie d'une configuration de trente-deux hyperfaisceaux, dont seize sont des gerbes et seize sont des systèmes plans.

Soit une droite $x_1 x_2 x_3 x_4 x_5 x_6$; en désignant par $\varepsilon_1 \varepsilon_2 \ldots \varepsilon_6$ le symbole $+1$ ou le symbole -1, les expressions

$$\varepsilon_1 x_1, \quad \varepsilon_2 x_2, \quad \ldots, \quad \varepsilon_6 x_6$$

sont les coordonnées de $2^5 = 32$ droites, parmi lesquelles les droites $x_1, x_2, \ldots, x_6$, et qui forment avec elle une configuration spéciale. D'abord, deux droites de la configuration ne se coupent *généralement* pas, car

$$\varepsilon_1 x_1^2 + \varepsilon_2 x_2^2 + \ldots + \varepsilon_6 x_6^2$$

ne peut être une conséquence de $x_1^2 + \ldots + x_6^2 = 0$, que si $\varepsilon_1 = \varepsilon_2 = \ldots = \varepsilon_6$, auquel cas les deux droites ne sont pas distinctes.

Il saute aux yeux que, si la droite $x_1, x_2, \ldots, x_6$ engendre un hyperfaisceau

$$x_i = a_i \lambda + b_i \mu + c_i \nu,$$

il en est de même des trente et une autres droites de la configuration. On a, pour ces droites

$$x'_i = \varepsilon_i (a_i \lambda' + b_i \mu' + c_i \nu').$$

Les hyperfaisceaux sont-ils de même nature?

Supposons que le nombre des ε positifs soit pair, par exemple 2μ, il y en aura $6 - 2\mu$ négatifs; on peut toujours, grâce à un changement de tous les signes, supposer $2\mu = 4$, car si $2\mu = 2$, on a $6 - 2\mu = 4$.

Soit donc

$$\begin{aligned}
x'_1 &= a_1 \lambda' + b_1 \mu' + c_1 \nu', \\
x'_2 &= a_2 \lambda' + b_2 \mu' + c_2 \nu', \\
x'_3 &= a_3 \lambda' + b_3 \mu' + c_3 \nu', \\
x'_4 &= a_4 \lambda' + b_4 \mu' + c_4 \nu', \\
-\, x'_5 &= a_5 \lambda' + b_5 \mu' + c_5 \nu', \\
-\, x'_6 &= a_6 \lambda' + b_6 \mu' + c_6 \nu'.
\end{aligned}$$

Si l'on écrit que

$$x_1 = x'_1, \qquad x_2 = x'_2, \qquad x_3 = x'_3, \qquad x_4 = x'_4, \qquad x_5 = x'_5, \qquad x_6 = x'_6,$$

on trouve

$$\begin{aligned}
a_1(\lambda - \lambda') + b_1(\mu - \mu') + c_1(\nu - \nu') &= 0, \\
a_2(\lambda - \lambda') + b_2(\mu - \mu') + c_2(\nu - \nu') &= 0, \\
a_3(\lambda - \lambda') + b_3(\mu - \mu') + c_3(\nu - \nu') &= 0, \\
a_4(\lambda - \lambda') + b_4(\mu - \mu') + c_4(\nu - \nu') &= 0, \\
a_5(\lambda + \lambda') + b_5(\mu + \mu') + c_5(\nu + \nu') &= 0, \\
a_6(\lambda + \lambda') + b_6(\mu + \mu') + c_6(\nu + \nu') &= 0.
\end{aligned}$$

Les quatre premières équations exigent que

$$\lambda - \lambda' = \mu - \mu' = \nu - \nu' = 0,$$

et les deux autres donnent

$$a_5\lambda + b_5\mu + c_5\nu = 0,$$
$$a_6\lambda + b_6\mu + c_6\nu = 0,$$

pour déterminer $\lambda : \mu : \nu$. Les deux hyperfaisceaux ont, dans ce cas, une droite commune. Ils sont de même espèce.

S'il y a, au contraire, un nombre impair de quantités ε égales à $+1$, on peut toujours supposer qu'il y en ait cinq ou trois. S'il y en a trois, au lieu des six équations ci-dessus, on aura le système

$$a_1(\lambda - \lambda') + b_1(\mu - \mu') + c_1(\nu - \nu') = 0,$$
$$a_2(\lambda - \lambda') + b_2(\mu - \mu') + c_2(\nu - \nu') = 0,$$
$$a_3(\lambda - \lambda') + b_3(\mu - \mu') + c_3(\nu - \nu') = 0,$$
$$a_4(\lambda + \lambda') + b_4(\mu + \mu') + c_4(\nu + \nu') = 0,$$
$$a_5(\lambda + \lambda') + b_5(\mu + \mu') + c_5(\nu + \nu') = 0,$$
$$a_6(\lambda + \lambda') + b_6(\mu + \mu') + c_6(\nu + \nu') = 0,$$

et il y aura impossibilité de l'existence d'une droite commune, car les trois premières équations donnent

$$\lambda - \lambda' = \mu - \mu' = \nu - \nu' = 0,$$

et les autres

$$\lambda + \lambda' = \mu + \mu' = \nu + \nu' = 0,$$

d'où

$$\lambda = \lambda' = \mu = \mu' = \mu' = \nu' = 0.$$

Les hyperfaisceaux seront donc d'espèces différentes.

Enfin, s'il n'y a qu'un seul ε négatif, on aura cinq équations de la forme

$$a_i(\lambda - \lambda') + b_i(\mu - \mu') + c_i(\nu - \nu') = 0,$$

qui donneront

$$\lambda = \lambda', \qquad \mu = \mu', \qquad \nu = \nu',$$

et ensuite une équation unique de la forme

$$a_j\lambda + b_j\mu + c_j\nu = 0.$$

Les hyperfaisceaux auront donc, en commun, dans ce cas, un faisceau plan de droites. Ils seront encore d'espèces différentes, mais, de plus, ils seront *unis*.

L'équation unique

$$a_j\lambda + b_j\mu + c_j\nu = 0$$

exprime que $x_j = 0$, c'est-à-dire que le faisceau commun à nos deux hyperfaisceaux est un faisceau du complexe C_j.

Il est dès lors facile de retrouver les résultats précédemment obtenus.

Supposons que la droite $x_1, x_2, \ldots, x_6$ engendre, pour fixer les idées, un système plan π, les trente et une autres droites

$$\varepsilon_1 x_1, \quad \varepsilon_2 x_2, \quad \ldots, \quad \varepsilon_6 x_6$$

vont engendrer des hyperfaisceaux.

Les quinze pour lesquelles il y a un nombre pair d'ε positifs engendreront encore des systèmes plans. Les seize autres engendreront des gerbes et sur ces gerbes il y en aura six ayant un seul ε négatif et dont les six sommets $O_1, O_2, \ldots, O_6$ seront dans le plan π. Les droites du faisceau plan (π, O_i) appartiennent au complexe C_i; et O_i est ainsi le pôle du plan π dans le complexe C_i. On voit comment nous retrouverons la configuration déjà décrite des seize points et des seize plans.

Nous aurons occasion de revenir sur ces questions à propos de la théorie des complexes du second degré et des surfaces de Kummer.

88. Nous avons eu à nous occuper, au point de vue de la transformation des coordonnées, de celles de ces transformations qui conservent son type à la forme fondamentale, ou, comme on dit, la font revenir sur elle-même. Au lieu de se placer au point de vue de la transformation des coordonnées, on peut se proposer un autre problème que je vais traiter.

Soient $x_1, x_2, \ldots, x_6$ des coordonnées linéaires de droites, c'est-à-dire se déduisant linéairement de coordonnées tétraédriques quelconques, comme nous avons vu, et soit

$$\omega(x)$$

la forme linéaire correspondante.

Il existe des transformations linéaires

$$x'_i = a_{i1} x_1 + a_{i2} x_2 + \ldots + a_{i6} x_6, \tag{11}$$

qui conservent à la forme fondamentale son expression, en sorte que, en vertu des équations (11), on a

$$\omega(x) = \omega(x'). \tag{12}$$

Ces transformations peuvent être considérées comme faisant correspondre à une droite dans le système des coordonnées $x_1, x_2, \ldots, x_6$ une autre droite x' *dans le même système* de coordonnées, puisque les coordonnées x'_i annulent la même forme que les x_i.

Quelle est la nature de cette transformation?

Si x décrit un faisceau plan, on a

$$x_i = a_i \lambda + b_i \mu,$$

et, par suite, eu égard à la forme linéaire des x'_i exprimés en fonction des x_i, on a aussi

$$x'_i = a'_i \lambda + b'_i \mu.$$

La droite x' décrit donc aussi un faisceau plan.

Même démonstration pour l'hyperfaisceau. Si x décrit un hyperfaisceau, x' en décrit un autre.

Mais ici surgit une distinction capitale.

Les hyperfaisceaux engendrés par x et par x' peuvent être de même nom (gerbe et gerbe ou plan et plan); ou bien peuvent être de noms contraires (gerbe et plan ou plan et gerbe).

Dans le premier cas, à toutes les droites x, issues d'un point P, correspondent toutes celles x' issues d'un point P'. A toutes les droites x d'un plan π correspondent toutes celles x' d'un plan π'. De plus, si P est dans le plan π, P' est dans le plan π', car au faisceau plan (P, π) correspond le faisceau plan (P', π'). A tous ces caractères, on reconnaît une transformation homographique de l'espace.

Dans le second cas, à toutes les droites issues d'un point P correspondront celles d'un plan π', et à toutes celles d'un plan π correspondront celles issues d'un point P'. De plus, si le plan π et le point P sont unis, le plan π' et le point P' le sont aussi, à cause encore de la conservation des faisceaux.

La transformation consiste ainsi en une correspondance *dualistique* entre les figures lieux de droites x et les figures lieux de droites x'.

La réponse à notre problème est donc la suivante :

Si les équations de transformation linéaire

$$x'_i = a_{i1}x_1 + \ldots + a_{i6}x_6 \qquad (i = 1, 2, \ldots, 6)$$

donnent

$$\omega(x) = \omega(x'),$$

elles établissent entre les droites x et x' soit une correspondance homographique, soit une correspondance dualistique.

89. Cette remarque a été pour M. Klein le point de départ d'un curieux rapprochement entre la Géométrie de la droite dans l'espace et celle des propriétés métriques d'un espace à quatre dimensions.

Cette notion d'espaces à plus de trois dimensions a aujourd'hui conquis droit de cité en Géométrie. Nous ne voulons pas dire par là qu'une étude systématique et complète des espaces à n dimensions puisse offrir un véritable intérêt géométrique : l'intérêt qui s'attacherait à une pareille étude serait tout d'ordre philosophique et spéculatif. Cependant, il est *certaines propriétés* des espaces à n dimensions qui trouvent une interprétation utile dans des figures de la Géométrie ordinaire; grâce à ces propriétés, les faits de la Géométrie d'Euclide peuvent souvent recevoir une forme plus rationnelle, plus lumineuse. A ce point de vue, le langage de la Géométrie à n dimensions peut rendre de signalés services, et ce serait se priver d'un auxiliaire précieux que de le rejeter sans examen. C'est dans ces limites que l'étude de la Géométrie à n dimensions mérite que l'on s'y arrête. On va en trouver un exemple dans la Géométrie de la ligne droite.

Soient $x_1, x_2, \ldots, x_n, x_{n+1}$, $(n+1)$ variables homogènes, c'est-à-dire n'intervenant que par leurs rapports. Nous regarderons ces paramètres comme les coordonnées homogènes dans un espace à n dimensions E_n.

Une équation homogène du degré m entre $x_1, x_2, \ldots, x_{n+1}$ représente un espace du degré m contenu dans l'espace E_n^1, et doué seulement de $n-1$ dimensions; nous représenterons par

$$E_{n-1}^m$$

un tel espace.

En particulier, une relation linéaire représente un espace linéaire

$$E_{n-1}^1$$

à $n-1$ dimensions contenu dans E_n^1.

Si l'on se donne k équations linéaires, c'est-à-dire k espaces E_{n-1}^1, ils ont en commun un espace à $n-k$ dimensions, que nous qualifierons encore de linéaire.

Plus généralement, si l'on se donne k équations entre les x_i, on définit un espace E_{n-k}^μ à $(n-k)$ dimensions.

Le degré μ de cet espace se définit comme le nombre des points qu'il a en commun avec un espace linéaire E_k^1 à k dimensions arbitrairement choisi.

Si $\mu = 2$, nous dirons que l'espace est *quadratique*.

Par exemple, une équation du second degré entre $x_1, x_2, \ldots, x_{n+1}$ définit un espace quadratique à $(n-1)$ dimensions E_{n-1}^2; nous dirons aussi, pour abréger, une quadrique à $(n-1)$ dimensions. L'intersection d'une quadrique à $(n-1)$ dimensions et de $(k-1)$ espaces linéaires à $(n-1)$ dimensions est évidemment un espace quadratique à $(n-k)$ dimensions.

Les espaces quadratiques donnent lieu aux mêmes théories que les quadriques, les cônes et les coniques.

Soit, par exemple, un espace qaudratique à $(n-1)$ dimensions, dans l'espace à n dimensions,

$$\omega(x) = 0,$$

et

$$x_1, \quad \ldots, \quad x_{n+1}; \qquad y_1, \ y_2, \quad \ldots, \quad y_{n+1}$$

deux points de l'espace; on dit que ces points sont conjugués si

$$\omega(x \mid y) = 0.$$

Le lieu des points x conjugués d'un point fixe y est un espace linéaire à $(n-1)$ dimensions. Cet espace linéaire généralise la notion du plan polaire ou de la droite polaire pour les quadriques et les coniques.

Soit $\Omega(a)$ la forme adjointe de $\omega(x)$; l'équation

$$\Omega(a) = 0$$

exprime que l'espace linéaire

$$\Sigma\, a_i x_i = 0$$

est tangent [1] à l'espace quadratique $\omega(x) = 0$; pareillement, l'équation

$$\Omega(a \mid b) = 0$$

exprime que les deux espaces linéaires

$$\Sigma\, a_i x_i = 0, \qquad \Sigma\, b_i x_i = 0$$

sont conjugués, c'est-à-dire que chacun contient le pôle de l'autre.

Un espace quadratique à $(n-1)$ dimensions est le lieu d'une infinité d'espaces linéaires à un nombre moindre de dimensions.

90. La Géométrie des espaces quadratiques a pour nous un intérêt particulier. Nous avons vu, en effet, que l'on peut définir toute droite de l'espace au moyen de six coordonnées homogènes $x_1, x_2, \ldots, x_6$, liées par une équation du second degré

$$\omega(x) = 0.$$

Si l'on considère, dès lors, les x_i comme les coordonnées d'un point dans un espace E_5^1 à cinq dimensions, l'équation $\omega = 0$ représente dans cet espace un espace quadratique E_4^2 à quatre dimensions. On peut dire ainsi que *la Géométrie de la droite dans l'espace ordinaire est identique à celle d'un point sur une quadrique E_4^2 à quatre dimensions contenue dans un espace à cinq dimensions.*

Les droites d'un complexe linéaire

$$\Sigma\, a_i x_i = 0$$

---

[1] C'est-à-dire que son pôle est sur la quadrique.

sont représentées par les points d'intersection de l'espace linéaire E_4^1, représenté par cette équation avec la quadrique fondamentale E_4^2. L'équation

$$\Omega(a) = 0,$$

qui exprime que le complexe est spécial, exprime que l'espace E_4^1 est tangent à l'espace quadratique E_4^2.

Si l'on considère deux complexes linéaires

$$\Sigma\, a_i x_i = 0, \qquad \Sigma\, a'_i x_i = 0,$$

la condition d'involution

$$\Omega(a \mid a') = 0$$

exprime que les espaces linéaires E_4^1, $E_4'^1$ correspondants sont *conjugués* par rapport à la quadrique fondamentale E_4^2.

La quadrique E_4^2 contient des espaces linéaires à une et à deux dimensions.

Nous savons, en effet, que si x^0 et x^{00} sont deux droites qui se coupent, les expressions

(13) $$x_i = x_i^0 \lambda + x_i^{00} \mu$$

sont les coordonnées d'une droite du faisceau plan défini par ces deux droites. Il en résulte aussitôt que, lorsque $\lambda : \mu$ varie, on a constamment

$$\omega(x) = \omega(x^0 \lambda + x^{00} \mu) = 0.$$

Or, interprétées dans l'espace à cinq dimensions, les équations (13) représentent un espace linéaire E_1^1 à une dimension contenu dans E_4^2.

Réciproquement, soit E_1^1 un espace linéaire à une dimension contenu dans E_4^2, les coordonnées x_i d'un point de cet espace linéaire seront représentées par des formules telles que (13) où l'on devra avoir

$$\omega(x) = \omega(x^0 \lambda + x^{00} \mu) = 0,$$

quels que soient λ, μ. Dans la Géométrie des droites, nous aurons donc un faisceau plan. On peut dès lors énoncer cette proposition :

Il y a sur E_4^2 *une infinité d'espaces linéaires à une dimension; ces espaces correspondent en Géométrie de droites aux faisceaux plans de l'espace euclidien, en sorte qu'il y a une quintuple infinité de ces espaces linéaires sur* E_4^2.

On verra de la même façon qu'il y a sur E_4^2 une infinité d'espaces linéaires à deux dimensions, qui correspondent aux hyperfaisceaux de la Géométrie linéaire.

Mais il y a deux sortes d'hyperfaisceaux, la gerbe et le système plan. On peut donc prévoir qu'il y aura sur E_4^2 deux familles distinctes d'espaces linéaires à deux dimensions.

Ce fait, qui est tout à fait analogue à celui du double système de génératrices rectilignes dans les quadriques de l'espace ordinaire, peut être mis directement en évidence. Il offre, comme on va le voir, *une différence essentielle* avec l'exemple auquel je l'ai comparé.

Pour les quadriques ordinaires, deux génératrices rectilignes se coupent toujours si elles sont de systèmes différents, et jamais si elles sont du même système.

C'est l'inverse ici, car deux espaces linéaires E_2^1 de même famille ont toujours un point commun : cela tient à ce que deux gerbes ou bien deux plans ont toujours une droite commune.

Par contre, deux E_2^1 de E_4^2, pris dans les deux familles, ou bien n'ont aucun point commun, ou bien ont en commun un espace E_1^1.

Cela tient à ce qu'une gerbe et un plan n'ont généralement pas de droite commune et que, si cela a lieu, ils ont en commun un faisceau plan de droites.

Un complexe de droites, défini par une équation

$$f(x_1, x_2, \ldots, x_6) = 0,$$

sera représenté comme la trace sur la quadrique E_4^2 de l'espace E_4 représenté par l'équation $f = 0$.

Nous obtiendrons ainsi sur E_4^2 un espace à trois dimensions E_3.

Pareillement, un espace à deux dimensions E_2, tracé sur E_4^2, représente une congruence, et un espace à une dimension représente une surface réglée.

91. Ce rapprochement entre la Géométrie réglée et celle du point sur une quadrique à quatre dimensions dans un espace à cinq dimensions resterait sans grande utilité si l'on ne le faisait suivre d'une remarque concernant la Géométrie des espaces quadratiques.

Je prendrai d'abord l'exemple d'une quadrique ordinaire dans l'espace ordinaire.

Soit Q une telle quadrique, O un point pris sur elle, π un plan quelconque.

Concevons que l'on fasse correspondre à tout point M du plan un point P de la quadrique, en prenant l'intersection de celle-ci avec la droite OM. Réciproquement, à un point P de la quadrique correspondra un point M et un seul; de part et d'autre la correspondance est *univoque;* c'est ce que l'on exprime en disant que la quadrique est *représentable sur le plan* (1).

---

(1) Pour cette question des surfaces représentables sur le plan, on pourra consulter plusieurs Notes que lui a consacrées M. G. Darboux dans le *Bulletin des Sciences mathématiques.* Les Travaux originaux de Clebsch ont paru dans les *Mathematische Annalen.* Aujourd'hui très développée, cette théorie mériterait une étude spéciale.

On peut donner une forme analytique concrète à cette représentation et la rattacher à une méthode anciennement imaginée par Chasles pour l'étude des courbes tracées sur les quadriques (1).

Soient OG_0, OH_0 les deux génératrices rectilignes de la quadrique issues du point O; par le point P de la quadrique passent deux génératrices, une G de même système que OG_0; la seconde H de même système que OH_0. G coupe OH_0 en un point P′, H coupe OG_0 en un point P″. Pour définir la position de P′ sur OH_0, on peut prendre le rapport anharmonique qu'il forme avec le point O et deux autres points fixes pris sur OH_0; en sorte que, A′, B′ désignant ces points fixes, on aura, par exemple,

$$u = \frac{A'O}{P'O} : \frac{A'B'}{P'B'}.$$

De même, A″, B″ désignant deux points fixes sur OG_0, on définira le point P″ par le paramètre

$$v = \frac{A''O}{P''O} : \frac{A''B''}{P''B''}.$$

Une fois u et v connus, les points P′, P″ en résultent, ainsi que le point P et, par conséquent, le point M, dans le plan π.

Appelons G_0, H_0 les traces de OG_0 et OH_0 sur ce plan. La droite G_0M est la

Fig. 5.

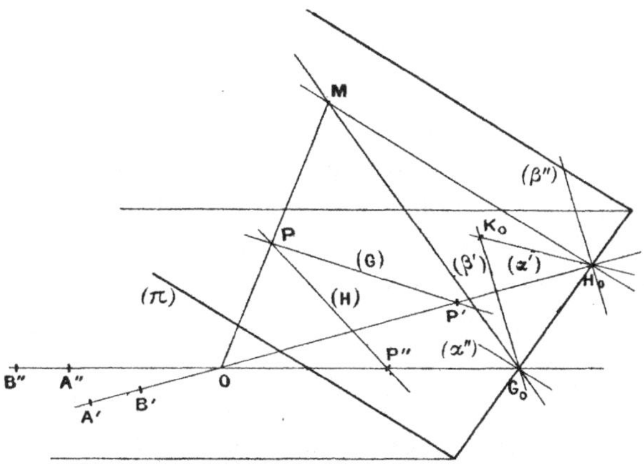

trace du plan OG_0M sur le plan π; ce plan OG_0M est évidemment tangent en P″ à la quadrique, et à cause du théorème de Chasles, sur le plan tangent à une surface réglée; le paramètre v est égal au rapport anharmonique

$$v = (G_0\alpha'', G_0M, G_0H_0, G_0\beta''),$$

(1) *Comptes rendus des seances de l'Academie des Sciences*, t. LIII.

où $G_0\alpha''$ est la trace sur le plan π du plan tangent en A″, $G_0\beta''$ la trace du plan tangent en B″.

De même, $H_0\alpha'$, $H_0\beta'$ étant les traces des plans tangents en A′ et B′, on a

$$u = (H_0\alpha', H_0M, H_0G_0, H_0\beta').$$

Prenons comme triangle de référence dans le plan π le triangle formé par les droites $H_0\beta'$, $G_0\beta''$ et G_0H_0, on voit aussitôt que si

$$X = 0, \qquad Y = 0, \qquad Z = 0$$

représentent les équations de ces trois droites, on aura, en faisant rentrer dans X, Y, Z des facteurs constants,

$$u = \frac{X}{Z}, \qquad v = \frac{Y}{Z}.$$

En appelant K_0 le point de rencontre des droites $G_0\beta''$ et $H_0\beta'$, on voit donc que les quantités u, v sont tout à la fois les *coordonnées de Chasles du point* P *sur la quadrique,* et qu'elles sont aussi les coordonnées triangulaires du point M par rapport au triangle de référence $G_0H_0K_0$.

Les points H_0G_0 jouent dans cette représentation un rôle essentiel. Tout point de OG_0 se projette en G_0, tout point de OH_0 se projette en H_0. Ces points H_0, G_0 sont donc des points d'indétermination, en ce sens qu'en chacun d'eux se projettent une infinité de points de la quadrique.

Il y a aussi sur la quadrique un point d'indétermination. En effet, il est visible que, si le point P de la quadrique tend vers le point O, le point M vient se placer sur la droite G_0H_0, et que la position du point M est la trace sur G_0H_0 de la position limite de OP, quand OP devient tangente en O à la surface.

Nous voyons ainsi qu'il y a sur le plan deux points remarquables G_0, H_0 et une droite remarquable, la droite qui les joint. Sur la surface, il y a un point remarquable O et deux droites remarquables, les génératrices issues de ce point.

Dans les représentations de ce genre, les points G_0, H_0 portent le nom de *points de base* de la représentation, et la droite G_0H_0 le nom de *ligne fondamentale.*

Dans le cas général de la représentation des surfaces sur le plan, la nature des points de base et des lignes fondamentales, ou *génériquement* des ÉLÉMENTS FONDAMENTAUX, caractérise la représentation.

On démontre que, généralement, les courbes du plan qui représentent les sections planes de la surface passent par les points de base ou points fondamentaux.

Ici c'est évident, car toute section plane coupe OG_0 en un point, OH_0 en un autre, et la perspective est ainsi une conique qui passe pas les deux points G_0, H_0.

On sait que les propriétés métriques des figures planes se définissent comme des relations entre cette figure et deux points remarquables du plan, les points circulaires à l'infini. Au point de vue projectif, on peut donc regarder comme étant métriques toutes les propriétés de relation entre une figure et deux points du plan.

Les coniques passant par ces deux points fixes seront dénommées *cercles*. A ce point de vue, on peut dire que les sections planes de la quadrique sont représentées sur le plan par des cercles.

On reconnaît d'ailleurs que, pour réaliser effectivement cette représentation, il suffirait de prendre pour le point O un ombilic de la quadrique, et, pour le plan π, un plan parallèle au plan tangent au point O.

On se trouve alors avoir généralisé une transformation bien ancienne, la *transformation stéréographique*.

Mais une telle restriction nous est inutile, puisque nous sommes toujours libres de prendre comme base des propriétés métriques deux points quelconques du plan.

92. On peut présenter cette représentation des quadriques sur le plan sous une forme plus analytique, qui se prête mieux à la généralisation que nous avons en vue.

Prenons, en effet, deux points O et O′ sur la quadrique non situés sur une même génératrice rectiligne. Menons par la droite OO′ deux plans conjugués et soit Δ la droite d'intersection des plans tangents en O et O′. Cette droite coupe les plans conjugués en deux points O″, O‴; nous prenons le tétraèdre OO′O″O‴ comme tétraèdre de référence. La quadrique aura une équation de la forme

$$x^2 + y^2 - zt = 0, \tag{14}$$

en faisant rentrer dans x, y, z, t des constantes numériques qu'il est inutile de mettre en évidence. Je pose alors

$$\left\{\begin{aligned} \rho x &= XZ, \\ \rho y &= YZ, \\ \rho z &= Z^2, \end{aligned}\right. \tag{15}$$

et j'observe que l'équation (14) donne alors

$$\rho t = X^2 + Y^2. \tag{16}$$

Nous avons ainsi exprimé x, y, z, t en fonction de trois paramètres homogènes X, Y, Z.

Nous pourrons regarder X, Y, Z comme des coordonnées triangulaires d'un point dans un plan, et nous aurons ainsi réalisé *analytiquement* une représentation de la quadrique sur le plan.

Je ne m'arrête pas à démontrer que cette représentation se réalise géométriquement dans la projection stéréographique telle que je l'ai définie ci-dessus.

Observons que toute section plane

$$ax + by + cz + dt = 0,$$

est représentée sur le plan par la conique

$$(aX + bY + cZ)Z + dt(X^2 + Y^2) = 0, \tag{17}$$

laquelle passe par deux points fixes

$$Z = 0, \qquad X \pm iY = 0.$$

Si l'on regarde ces deux points comme les points circulaires à l'infini du plan, l'équation (17) est l'équation générale des cercles du plan.

93. Ceci posé, cherchons à résoudre la question suivante :

Quelles sont exactement les propriétés des figures planes qui correspondent aux propriétés projectives de la quadrique?

Pour résoudre cette question avec précision, nous allons rechercher quelle est la transformation plane qui correspond à une transformation homographique conservant la quadrique proposée.

Soient x, y, z, t les coordonnées d'un point P de la quadrique; x', y', z', t' celles du point P′ correspondant. On a

$$\left\{\begin{aligned} x' &= ax + by + cz + dt, \\ y' &= a'x + b'y + c'z + d't, \\ z' &= a''x + b''y + c''z + d''t, \\ t' &= a'''x + b'''y + c'''z + d'''t, \end{aligned}\right. \tag{18}$$

et, de plus, il faut avoir identiquement

$$x'^2 + y'^2 - z't' = k(x^2 + y^2 - zt). \tag{19}$$

Soient (X, Y, Z) les coordonnées du point M correspondant au point P; (X′, Y′, Z′) celles du point M′ correspondant au point P′.

On aura, en remplaçant dans (18) x, y, z, t, x', y', z', t' par leurs valeurs en

X, Y, Z, X′, Y′, Z′,

$$(20)\quad \begin{cases} \sigma X'Z' = a\,XZ + b\,YZ + c\,Z^2 + d\,(X^2+Y^2), \\ \sigma Y'Z' = a'\,XZ + b'\,YZ + c'\,Z^2 + d'\,(X^2+Y^2), \\ \sigma Z'^2 = a''\,XZ + b''\,YZ + c''\,Z^2 + d''\,(X^2+Y^2), \\ \sigma(X'^2+Y'^2) = a'''XZ + b'''YZ + c'''Z^2 + d'''(X^2+Y^2). \end{cases}$$

Ces équations sont évidemment surabondantes pour définir X′, Y′, Z′ en fonction de X, Y, Z; mais elles sont compatibles d'après l'identité (19), c'est-à-dire quand $a, b, c, d, a', b', c', d', \ldots, c''', d'''$ se prêtent à cette identité.

Pour simplifier l'interprétation des formules, je ferai Z′ = Z = 1, et j'écrirai les formules sous cette forme

$$(\mathrm{T})\quad \begin{cases} X' = \dfrac{aX + bY + c + d(X^2+Y^2)}{a''X + b''Y + c'' + d''(X^2+Y^2)}, \\ Y' = \dfrac{a'X + b'Y + c' + d'(X^2+Y^2)}{a''X + b''Y + c'' + d''(X^2+Y^2)}, \\ X'^2+Y'^2 = \dfrac{a'''X + b'''Y + c''' + d'''(X^2+Y^2)}{a''X + b''Y + c'' + d''(X^2+Y^2)}. \end{cases}$$

Alors X, Y seront les coordonnées rectangulaires d'un point, X′, Y′ celles de son transformé.

Supposons qu'on effectue une première transformation de cette forme T, puis une autre T′ avec d'autres coefficients, la nature linéaire de ces formules nous montre que la transformation résultante T′T sera encore une transformation de même forme.

En un mot, ces transformations forment ce que M. Lie a appelé *un groupe*.

Une transformation homothétique autour d'un point quelconque, un déplacement quelconque, une transformation par symétrie par rapport à une droite quelconque, et plus généralement une inversion par rapport à un cercle quelconque, font partie du groupe, ainsi qu'on le reconnaît immédiatement sur les formules qui expriment ces diverses transformations. Je vais prouver que, réciproquement : *toute transformation définie par les formules* (T) *résulte de l'application successive d'un certain nombre de ces transformations* [1].

En effet, désignons par T_1 la translation qui change le point X, Y dans le point X″, Y″ et qui est représentée par les formules

$$(\mathrm{T}_1)\qquad X'' = X + h, \qquad Y'' = Y + k,$$

[1] KLEIN, *Mathematische Annalen*, t. V.

où h et k sont deux constantes; envisageons ensuite la transformation

$$(T_2)\qquad \left\{\begin{aligned} X' &= \frac{a_1 X'' + b_1 Y'' + d_1 (X''^2 + Y''^2)}{a''_1 X'' + b''_1 Y'' + c''_1 + d''_1 (X''^2 + Y''^2)},\\ Y' &= \frac{a'_1 X'' + b'_1 Y'' + d'_1 (X''^2 + Y''^2)}{a''_1 X'' + b''_1 Y'' + c''_1 + d''_1 (X''^2 + Y''^2)},\\ X'^2 + Y'^2 &= \frac{a'''_1 X'' + b'''_1 Y'' + c'''_1 + d'''_1 (X''^2 + Y''^2)}{a''_1 X'' + b''_1 Y'' + c''_1 + d''_1 (X''^2 + Y''^2)}.\end{aligned}\right.$$

La succession des deux opérations (T_1) et (T_2) équivaut à la transformation générale (T) où c, c' ne sont pas nuls; on peut donc poser $T = T_2 T_1$.

Maintenant, si l'on a égard à l'identité

$$(a_1 X'' + \ldots)^2 + (a'_1 X'' + \ldots)^2 = (a''_1 X'' + \ldots)(a'''_1 X'' + \ldots),$$

on voit que, le premier membre s'annulant avec X'', Y'', il doit en être de même du second; on a donc

$$c''_1 c'''_1 = 0.$$

Supposons d'abord $c''_1 = 0$; alors, en effectuant l'inversion

$$(T_0)\qquad X'' = \frac{X'''}{X'''^2 + Y'''^2},\qquad Y'' = \frac{Y'''}{X'''^2 + Y'''^2},$$

l'opération T_2 apparaît comme le produit $T_3 T_0$ des opérations T_3 et T_0, où T_3 est défini par les formules

$$(T_3)\qquad \left\{\begin{aligned} X' &= \frac{a_1 X''' + b_1 Y''' + d_1}{a''_1 X''' + b''_1 Y''' + d''_1},\\ Y' &= \frac{a'_1 X''' + b'_1 Y''' + d'_1}{a''_1 X''' + b''_1 Y''' + d''_1},\\ X'^2 + Y'^2 &= \frac{a'''_1 X''' + b'''_1 Y''' + c'''_1 (X'''^2 + Y'''^2) + d'''_1}{a''_1 X''' + b''_1 Y''' + d''_1},\end{aligned}\right.$$

et l'on a

$$T = T_2 T_1 = T_3 T_0 T_1.$$

Supposons au contraire que ce soit c'''_1 qui soit nul; alors, en effectuant encore l'opération T_0, T_2 apparaît comme le produit $T'_2 T_0$ des deux opérations T_0 et T'_2, où T'_2 est ainsi défini

$$(T'_2)\qquad \left\{\begin{aligned} X' &= \frac{a_1 X''' + b_1 Y''' + d_1}{a''_1 X''' + b''_1 Y''' + c''_1 (X'''^2 + Y'''^2) + d''_1},\\ Y' &= \frac{a'_1 X''' + b'_1 Y''' + d'_1}{a''_1 X''' + b''_1 Y''' + c''_1 (X'''^2 + Y'''^2) + d''_1},\\ X'^2 + Y'^2 &= \frac{a'''_1 X''' + b'''_1 Y''' + d'''_1}{a''_1 X''' + b''_1 Y''' + c''_1 (X'''^2 + Y'''^2) + d''_1}.\end{aligned}\right.$$

Or, pour effectuer la transformation (T'_2), on peut effectuer la transformation

$$(T'_3)\quad \begin{cases} X_1 = \dfrac{a_1 X''' + b_1 Y''' + d_1}{a'''_1 X''' + b'''_1 Y''' + d'''_1}, \\ Y_1 = \dfrac{a'_1 X''' + b'_1 Y''' + d'_1}{a'''_1 X''' + b'''_1 Y''' + d'''_1}, \\ X_1^2 + Y_1^2 = \dfrac{a''_1 X''' + b''_1 Y''' + c''_1 (X'''^2 + Y'''^2) + d''_1}{a'''_1 X''' + b'''_1 Y''' + d'''_1}, \end{cases}$$

et la faire suivre de l'inversion T_0

$$X' = \frac{X_1}{X_1^2 + Y_1^2}, \qquad Y' = \frac{Y_1}{X_1^2 + Y_1^2}.$$

On a alors

$$T = T_0 T'_3 T_0 T_1.$$

Les transformations T_3 et T'_3 ont le même caractère; elles ont la forme générale

$$X' = \frac{\alpha X + \beta Y + \gamma}{\alpha'' X + \beta'' Y + \gamma''},$$

$$Y' = \frac{\alpha' X + \beta' Y + \gamma'}{\alpha'' X + \beta'' Y + \gamma''},$$

$$X'^2 + Y'^2 = \frac{\alpha''' X + \beta''' X + \gamma''' + \delta''' (X^2 + Y^2)}{\alpha'' X + \beta'' Y + \gamma''}.$$

Écrivons que l'on a identiquement

$$(\alpha X + \beta Y + \gamma)^2 + (\alpha' X + \beta' Y + \gamma')^2 = (\alpha'' X + \beta'' Y + \gamma'') [\alpha''' X + \beta''' Y + \gamma''' + \delta''' (X^2 + Y^2)].$$

On voit d'abord que α'', β'' devront être nuls, ce qui permet alors de faire $\gamma'' = 1$. Il reste donc

$$X' = \alpha X + \beta Y + \gamma,$$

$$Y' = \alpha' X + \beta' Y + \gamma',$$

$$X'^2 + Y'^2 = \alpha''' X + \beta''' Y + \gamma''' + \delta''' (X^2 + Y^2),$$

avec l'identité

$$(\alpha X + \beta Y + \gamma)^2 + (\alpha' X + \beta' Y + Y + \gamma')^2 = \alpha''' X + \beta''' Y + \gamma''' + \delta''' (X^2 + Y^2).$$

On doit donc avoir, en particulier,

$$(\alpha X + \beta Y)^2 + (\alpha' X + \beta' Y)^2 = \delta''' (X^2 + Y^2).$$

Or cette identité prouve que l'on peut poser, soit

$$(21)\quad \begin{cases} \alpha = \sqrt{\delta'''} \cos\theta, & \beta = \sqrt{\delta'''} \sin\theta, \\ \alpha' = -\sqrt{\delta'''} \sin\theta, & \beta' = \sqrt{\delta'''} \cos\theta, \end{cases}$$

soit

$$(22)\qquad \begin{cases} \alpha = \sqrt{\delta'''}\cos\theta, & \beta = \sqrt{\delta'''}\sin\theta, \\ \alpha' = \sqrt{\delta'''}\sin\theta, & \beta' = -\sqrt{\delta'''}\cos\theta. \end{cases}$$

Dans le premier cas, la transformation T_3 représente un déplacement quelconque D dans le plan, précédé d'une homothétie H; on a alors

$$T_3 = D.H.$$

Dans le second cas, cette homothétie est accompagnée d'une transformation S par symétrie par rapport à une droite, et l'on a alors

$$T_3 = D.H.S.$$

Donc, en résumé, on a

$$T = \begin{cases} T_3 T_0 T_1, \\ \text{ou bien} \\ T_0 T_3 T_0 T_1, \end{cases}$$

où

$$T_3 = \begin{cases} D.H, \\ \text{ou bien} \\ D.H.S. \end{cases}$$

Donc T se ramène bien à une superposition d'opérations de la nature suivante :

Mouvements, homothéties, inversions, symétries par rapport à des droites.

Toutes ces transformations ont une propriété commune : elles transforment tout cercle du plan en un autre ou, autrement dit, ce groupe de transformations conserve la famille des cercles du plan. On pourrait donner à ces transformations le nom de *transformations anallagmatiques*.

On voit, en conséquence, que, interprétées sur le plan représentatif, les transformations homographiques d'une quadrique en elle-même ont pour images le groupe des transformations anallagmatiques du plan.

Les propriétés projectives de la quadrique correspondent aux propriétés anallagmatiques dans le plan.

94. Tout ce que nous venons de dire pour la représentation des quadriques ordinaires sur le plan s'étend au cas des quadriques à $n-1$ dimensions dans l'espace à n dimensions.

Prenons, par exemple, la quadrique

$$(23)\qquad x_1^2 + x_2^2 + x_3^2 + x_4^2 - x_5 x_6 = 0$$

dans l'espace à cinq dimensions, nous poserons

$$\rho x_1 = X_1 X_5,$$
$$\rho x_2 = X_2 X_5,$$
$$\rho x_3 = X_3 X_5,$$
$$\rho x_4 = X_4 X_5,$$
$$\rho x_5 = X_5^2,$$

et l'équation (23) donnera

$$\rho x_6 = X_1^2 + X_2^2 + X_3^2 + X_4^2.$$

Nous avons aussi représenté notre quadrique sur un espace linéaire à quatre dimensions, dans lequel X_1, X_2, X_3, X_4, X_5 sont les coordonnées homogènes d'un point.

Nous avons ici encore une *figure fondamentale,* ou d'indétermination. Elle est représentée par les équations

$$X_5 = 0, \qquad X_1^2 + X_2^2 + X_3^2 + X_4^2 = 0,$$

elle constitue un espace quadratique à deux dimensions, que je représente par I_2.

Appelons *sphère* toute quadrique de l'espace à quatre dimensions qui contient I_2, l'équation d'une sphère sera

$$(aX_1 + bX_2 + cX_3 + dX_4 + eX_5)X_5 + f(X_1^2 + X_2^2 + X_3^2 + X_4^2) = 0.$$

Il est commode de réduire à l'unité la variable X_5 qui, égalée à zéro, représente l'infini de notre espace à quatre dimensions, et l'équation de notre sphère aura la forme

$$(24) \qquad a_1 X_1 + a_2 X_2 + a_3 X_3 + a_4 X_4 + a_5 + a_6(X_1^2 + X_2^2 + X_1^2 + X_4^2).$$

La distance de deux points sera

$$\sqrt{(X_1 - X'_1)^2 + \ldots + (X_4 - X'_4)^2};$$

un déplacement, une symétrie, une homothétie, une inversion se définiront comme dans le cas de l'espace ordinaire, et, par le même raisonnement que plus haut, nous reconnaîtrons que toute transformation linéaire qui conserve la forme

$$x_1^2 + x_2^2 + x_3^2 + x_4^2 - x_5 x_6,$$

c'est-à-dire toute transformation homographique ou dualistique de l'espace réglé, se traduit dans l'espace représentatif à quatre dimensions par une succession d'opérations telles que :

1° Homothétie; 2° symétrie; 3° inversion; 4° déplacements, toutes transformations qui laissent invariable la notion de sphère.

A ce point de vue, nous pouvons dire que :

La Géométrie réglée, au point de vue dualistique et projectif, est identique à la Géométrie anallagmatique d'un espace à quatre dimensions.

95. On voit que, dans la représentation qui nous occupe, un complexe linéaire (c'est-à-dire une section de la quadrique à quatre dimensions par un espace linéaire à quatre dimensions) se trouve représenté par une sphère de l'espace à quatre dimensions.

Si

$$a_1x_1 + a_2x_2 + \ldots + a_6x_6 = 0$$

est l'équation du complexe linéaire, celle de la sphère est précisément l'équation (24).

L'équation de la sphère peut recevoir la forme

$$\left(X_1 + \frac{a_1}{2a_6}\right)^2 + \left(X_2 + \frac{a_2}{2a_6}\right)^2 + \left(X_3 + \frac{a_3}{2a_6}\right)^2 + \left(X_4 + \frac{a_4}{2a_6}\right)^2 = \frac{a_1^2 + a_2^2 + a_3^2 + a_4^2 - 4a_5a_6}{a_6^2}.$$

L'expression du second nombre représente le carré du rayon de la sphère, $-\frac{a_1}{2a_6}$, $-\frac{a_2}{2a_6}$, $-\frac{a_3}{2a_6}$, $-\frac{a_4}{2a_6}$ sont les coordonnées de son centre. Le rayon est nul si

$$a_1^2 + a_2^2 + a_3^2 + a_4^2 - 4a_5a_6 = 0. \tag{25}$$

Or la forme fondamentale étant ici

$$x_1^2 + x_2^2 + x_3^2 + x_4^2 - x_5x_6,$$

l'invariant du complexe est précisément le premier membre de (25). *Les sphères de rayon nul correspondent ainsi aux complexes spéciaux.*

Pareillement, l'équation

$$a_1b_1 + a_2b_2 + a_3b_3 + a_4b_4 - 2a_5b_6 - 2a_6b_5 = 0$$

exprime l'*involution des deux complexes*

$$a_1x_1 + a_2x_2 + \ldots = 0, \qquad b_1x_1 + b_2x_2 + \ldots = 0;$$

elle exprime aussi *l'orthogonalité* des deux sphères correspondantes.

Une congruence linéaire est représentée par l'intersection de deux sphères. Par cette intersection, on peut faire passer deux sphères de rayon nul qui représentent chacune un des complexes spéciaux, qui ont pour directrices les directrices de la congruence.

L'intersection de deux sphères dans l'espace à quatre dimensions est, outre I_2, qui est mis à part, un espace quadratique à deux dimensions, que l'on peut appeler une sphère à deux dimensions.

Désignant par S_3 les sphères à trois dimensions, je désignerai celles-ci par S_2.

L'intersection de trois sphères à trois dimensions est un cercle S_1 ou espace quadratique à une dimension d'espèce particulière, car il a toujours deux points communs avec l'espace à deux dimensions I_2.

Par un cercle S_1 passent une infinité (une double infinité) de sphères images du système à trois termes de complexes linéaires menés par la demi-quadrique dont S_1 est l'image. Une infinité de ces complexes sont spéciaux; leurs directrices, qui engendrent la demi-quadrique complémentaire, ont pour images les points d'un second cercle S'_1, lequel est le lieu des centres des sphères de rayon nul menées par S_1. La correspondance entre S_1 et S'_1 est évidemment réciproque.

96. Les faisceaux plans de droites et les hyperfaisceaux de l'espace réglé ont aussi une représentation très simple.

Si la droite x engendre un faisceau plan de droites, on peut écrire, nous le savons,

$$x_1 = a_1 + \rho b_1, \qquad x_2 = a_2 + \rho b_2, \qquad x_3 = a_3 + \rho b_3,$$
$$x_4 = a_4 + \rho b_4, \qquad x_5 = 1 + \rho, \qquad x_6 = a_6 + \rho b_6.$$

Les coordonnées X_1, X_2, X_3, X_4 du point correspondant dans l'espace à quatre dimensions seront

$$(26) \quad X_1 = \frac{x_1}{x_5} = \frac{a_1 + \rho b_1}{1 + \rho}, \qquad X_2 = \frac{a_2 + \rho b_2}{1 + \rho}, \qquad X_3 = \frac{a_3 + \rho b_3}{1 + \rho}, \qquad X_4 = \frac{a_4 + \rho b_4}{1 + \rho}.$$

On aura, de plus,

$$x_1^2 + x_2^2 + x_3^2 + x_4^2 - x_5 x_6 = 0,$$

c'est-à-dire

$$(a_1 + \rho b_1)^2 + (a_2 + \rho b_2)^2 + (a_3 + \rho b_3)^2 + (a_3 + \rho b_4)^2 = (1 + \rho)(a_6 + \rho b_6).$$

Ceci devant avoir lieu quel que soit ρ, il vient

$$a_1^2 + a_2^2 + a_3^2 + a_4^2 = a_6,$$
$$b_1^2 + b_2^2 + b_3^2 + b_4^2 = b_6,$$
$$2a_1 b_1 + 2a_2 b_2 + 2a_3 b_3 + 2a_4 b_4 = a_6 + b_6,$$

d'où, en éliminant a_6 et b_6,

(27) $$(a_1 - b_1)^2 + (a_2 - b_2)^3 + (a_3 - b_3)^2 + (a_4 - b_4)^2 = 0.$$

Les binômes $a_i - b_i$ sont les coefficients directeurs α_i de la droite représentée par les équations (26), lesquelles pourront s'écrire, en posant

$$\alpha_i = a_i - b_i,$$

(28) $$\frac{X_1 - a_1}{\alpha_1} = \frac{X_2 - a_2}{\alpha_2} = \frac{X_3 - a_3}{\alpha_3} = \frac{X_4 - a_4}{\alpha_4}.$$

L'équation (27), qui s'écrit

(29) $$\alpha_1^2 + \alpha_2^2 + \alpha_3^2 + \alpha_4^2 = 0,$$

exprime évidemment que le point de la droite (28), qui est à l'infini, appartient à l'espace quadratique I_2; elle exprime aussi que la distance de deux points quelconques de la droite est nulle. Les droites considérées sont des droites de longueur nulle et peuvent être définies par la propriété d'avoir avec I_2 un point commun.

Il est, dès lors, naturel d'introduire les coordonnées de Chasles de ce point de rencontre, en posant

(30) $$\frac{\alpha_1}{\lambda_0 + \mu_0} = \frac{\alpha_2}{(\lambda_0 - \mu_0)\sqrt{-1}} = \frac{\alpha_3}{\lambda_0 \mu_0 - 1} = \frac{\alpha_4}{(\lambda_0 \mu_0 + 1)\sqrt{-1}},$$

et, dès lors, la représentation générale de nos droites (et par suite des faisceaux plans de l'espace réglé) sera

(31) $$\frac{X_1 - a_1}{\lambda_0 + \mu_0} = \frac{X_2 - a_2}{(\lambda_0 - \mu_0)\sqrt{-1}} = \frac{X_3 - a_3}{\lambda_0 \mu_0 - 1} = \frac{X_4 - a_4}{(\lambda_0 \mu_0 + 1)\sqrt{-1}}.$$

Il est clair que, λ_0 et μ_0 restant fixes, le point de rencontre avec I_2 reste fixe.

Si on laisse fixe λ_0, le point en question décrit, lorsque μ_0 varie, une génératrice rectiligne d'un système de I_2; il décrit, au contraire, une génératrice rectiligne du second système si λ_0 varie, μ_0 étant fixe.

La représentation va beaucoup plus au fond des choses qu'on ne le pourrait croire au premier abord.

Cherchons, en effet, à représenter un hyperfaisceau.

Si la droite x engendre un hyperfaisceau, on peut poser

$$\begin{aligned}
x_1 &= a_1 + \rho b_1 + \rho' b'_1,\\
x_2 &= a_2 + \rho b_2 + \rho' b'_2,\\
x_3 &= a_3 + \rho b_3 + \rho' b'_3,\\
x_4 &= a_4 + \rho b_4 + \rho' b'_4,\\
x_5 &= 1 + \rho + \rho',\\
x_6 &= a_6 + \rho b_6 + \rho' b'_6,
\end{aligned}$$

avec la relation

$$x_1^2 + x_2^2 + x_3^2 + x_4^2 - x_5 x_6 = 0,$$

qui, devant avoir lieu quels que soient ρ, ρ', nous donne

$$\begin{aligned}
a_1^2 + a_2^2 + a_3^2 + a_4^2 &= a_6,\\
b_1^2 + b_2^2 + b_3^2 + b_4^2 &= b_6,\\
b_1'^2 + b_2'^2 + b_3'^2 + b_4'^2 &= b'_6,\\
2(a_1 b_1 + a_2 b_2 + a_3 b_3 + a_4 b_4) &= a_6 + b_6,\\
2(a_1 b'_1 + a_2 b'_2 + a_3 b'_3 + a_4 b'_4) &= a_6 + b'_6,\\
2(b_1 b'_1 + b_2 b'_2 + b_3 b'_3 + b_4 b'_4) &= b_6 + b'_6,
\end{aligned}$$

d'où, par élimination de a_6, b_6, b'_6,

$$\begin{aligned}
(a_1 - b_1)^2 + (a_2 - b_2)^2 + (a_3 - b_3)^2 + (a_4 - b_4)^2 &= 0,\\
(a_1 - b'_1)^2 + (a_2 - b'_2)^2 + (a_3 - b'_3)^2 + (a_4 - b'_4)^2 &= 0,\\
(b_1 - b'_1)^2 + (b_2 - b'_2)^2 + (b_3 - b'_3)^2 + (b_4 - b'_4)^2 &= 0.
\end{aligned}$$

On vérifiera les deux premières équations en posant

$$\frac{b_1 - a_1}{\lambda_0 + \mu_0} = \frac{b_2 - a_2}{(\lambda_0 - \mu_0)\sqrt{-1}} = \frac{b_3 - a_3}{\lambda_0 \mu_0 - 1} = \frac{b_4 - a_4}{(\lambda_0 \mu_0 + 1)\sqrt{-1}} = \theta',$$

$$\frac{b'_1 - a_1}{\lambda'_0 + \mu'_0} = \frac{b'_2 - a_2}{(\lambda'_0 - \mu'_0)\sqrt{-1}} = \frac{b'_3 - a_3}{\lambda'_0 \mu'_0 - 1} = \frac{b'_4 - a_4}{(\lambda'_0 \mu'_0 + 1)\sqrt{-1}} = \theta',$$

où λ_0, μ_0, θ, λ'_0, μ'_0, θ' sont des arbitraires.

On en tire

$$\begin{aligned}
b'_1 - b_1 &= [\theta'(\lambda'_0 + \mu'_0) - \theta(\lambda_0 + \mu_0)],\\
b'_2 - b_2 &= [\theta'(\lambda'_0 - \mu'_0) - \theta(\lambda_0 - \mu_0)]\sqrt{-1},\\
b'_3 - b_3 &= [\theta'(\lambda'_0 \mu'_0 - 1) - \theta(\lambda_0 \mu_0 - 1)],\\
b'_4 - b_4 &= [\theta'(\lambda'_3 \mu'_0 + 1) - \theta(\lambda_0 \mu_0 + 1)]\sqrt{-1},
\end{aligned}$$

d'où

$$\begin{aligned} o &= (b'_1 - b_1)^2 + (b'_2 - b_2)^2 + (b'_3 - b_3)^2 + (b'_4 - b_4)^2 \\ &= -2\theta\theta'[\ (\lambda'_0 + \mu'_0)(\lambda_0 + \mu_0) - (\lambda'_0 - \mu'_0)(\lambda_0 - \mu_0) \\ &\qquad + (\lambda'_0\mu'_0 - 1)(\lambda_0\mu_0 - 1) - (\lambda'_0\mu'_0 + 1)(\lambda_0\mu_0 + 1)] \\ &= 4\theta\theta'(\lambda'_0 - \lambda_0)(\mu'_0 - \mu_0). \end{aligned}$$

On voit qu'il faut avoir soit

$$\lambda'_0 = \lambda_0,$$

soit

$$\mu'_0 = \mu_0.$$

Prenons, par exemple, $\lambda'_0 = \lambda_0$.

L'hyperfaisceau correspondant se représente dans l'espace à quatre dimensions par les équations

$$X_i = \frac{a_i + \rho b_i + \rho' b'_i}{1 + \rho + \rho'},$$

ou encore par les équations

$$\begin{aligned} \frac{X_1 - a_1}{\rho(b_1 - a_1) + \rho'(b'_1 - a_1)} &= \frac{X_2 - a_3}{\rho(b_2 - a_3) + \rho'(b'_2 - a_2)} \\ = \frac{X_3 - a_3}{\rho(b_3 - a_3) + \rho'(b'_3 - a_4)} &= \frac{X_4 - a_4}{\rho(b_4 - a_4) + \rho'(b'_4 - a_4)}, \end{aligned}$$

c'est-à-dire, en faisant rentrer θ dans ρ et θ' dans ρ',

$$\begin{aligned} \frac{X_1 - a_1}{\rho(\lambda_0 + \mu_0) + \rho'(\lambda_0 + \mu'_0)} &= \frac{X_2 - a_2}{\rho(\lambda_0 - \mu_0)\sqrt{-1} + \rho'(\lambda_0 - \mu'_0)\sqrt{-1}} \\ = \frac{X_3 - a_3}{\rho(\lambda_0\mu_0 - 1) + \rho'(\lambda_0\mu'_0 - 1)} &= \frac{X_4 - a_4}{[\rho(\lambda_0\mu_0 + 1) + \rho'(\lambda_0\mu'_0 + 1)]\sqrt{-1}}. \end{aligned}$$

Ces équations, où $\rho' : \rho$ est arbitraire et même variable, définissent un espace linéaire à deux dimensions qui représente l'hyperfaisceau considéré. Or, et c'est là un fait bien remarquable, en posant

$$\frac{\mu_0\rho + \mu'_0\rho'}{1 + \rho'} = \mu,$$

ces équations peuvent recevoir la forme

$$\frac{X_1 - a_1}{\lambda_0 + \mu} = \frac{X_2 - a_2}{(\lambda_0 - \mu)\sqrt{-1}} = \frac{X_3 - a_3}{\lambda_0\mu - 1} = \frac{X_4 - a_4}{(\lambda_0\mu + 1)\sqrt{-1}}. \tag{32}$$

Ces équations se déduisent des équations (30) en y remplaçant le paramètre constant μ_0 par un paramètre variable μ.

Si l'on avait adopté la solution $\mu'_0 = \mu_0$, on serait arrivé à la formule

$$(33)\qquad \frac{X_1 - a_1}{\lambda + \mu_0} = \frac{X_2 - a_2}{(\lambda - \mu_0)\sqrt{-1}} = \frac{X_3 - a_3}{\lambda\mu_0 - 1} = \frac{X_4 - a_4}{(\lambda\mu_0 + 1)\sqrt{-1}},$$

qui se déduit des équations (30) faisant varier λ.

Les espaces linéaires (32) et (33) sont à deux dimensions, puisque μ est variable dans (32) et λ dans (33). Ce sont, en quelque sorte, des espaces linéaires à deux dimensions *isotropes*. Ils possèdent cette propriété de couper chacune le plan de l'infini suivant une génératice rectiligne de I_2. Seulement, les uns couperont I_2 suivant une génératrice d'un système [équation (32)]; les autres, suivant une génératrice du système opposé [équation (33)].

Nous avons donc deux sortes d'espaces [1] linéaires E'_2 isotropes.

Les uns correspondront aux hyperfaisceaux qui sont des gerbes, les autres aux hyperfaisceaux qui sont des systèmes plans.

Il est assurément bien curieux que la séparation des deux systèmes de génératrices de I_2 revienne à la distinction entre la Géométrie du point et celle du plan dans l'espace à trois dimensions, qui est le lieu des figures réglées.

Prenons, par exemple, les équations

$$(34)\qquad \frac{X_1 - a_1}{\lambda_0 + \mu_0} = \frac{X_2 - a_2}{(\lambda_0 - \mu_0)\sqrt{-1}} = \frac{X_3 - a_3}{\lambda_0\mu_0 - 1} = \frac{X_4 - a_4}{(\lambda_0\mu_0 + 1)\sqrt{-1}},$$

nous avons là la représentation d'un faisceau plan (O, π) dont fait partie la droite A, qui a pour image le point a_1, a_2, a_3, a_4 de l'espace à quatre dimensions. Quand λ_0, μ_0 recevront toutes les valeurs possibles, *nous aurons tous les faisceaux plans qui contiennent* A.

Si λ_0 reste fixe, la droite X engendre, nous le savons, un hyperfaisceau, dont un des éléments O ou π reste fixe, par exemple O, et alors les équations (34) représentent toutes les droites issues de O.

Si, au contraire, c'est μ_0 qui est fixe, c'est le plan π qui se trouve fixé et représenté comme support d'un système plan de droites.

Ainsi, en résumé, quand un faisceau est représenté par des formules telles que (34), a_1, a_2, a_3, a_4 représentent une droite de ce faisceau, λ_0 le point O et μ_0 le plan π du faisceau sur cette droite [2].

---

[1] Le fait n'est pas nouveau; déjà, dans le plan, les droites isotropes forment deux familles distinctes.

[2] On pourra comparer avec la représentation que j'ai donnée en 1882 dans mon travail *Sur les propriétés infinitésimales de l'espace réglé*, p. 23.

Si l'on reliait λ_0, μ_0 homographiquement, le lieu de la droite X serait une congruence linéaire *singulière* admettant A pour directrice (¹).

Il existe encore d'autres systèmes de coordonnées, mais leur étude viendra naturellement à la suite des propriétés infinitésimales.

J'ajouterai que les coordonnées que j'ai définies projectivement au début peuvent recevoir une forme métrique importante. Nous y reviendrons au moment de l'étude des propriétés métriques des systèmes réglés.

(¹) Le lecteur pourra comparer ce qui précède avec le Chapitre sur les coordonnées penta ou hexasphériques du Tome I des Leçons de M. G. Darboux. La sphère dans l'espace euclidien donne lieu à une théorie toute pareille à celle de la droite.

FIN.

TABLE DES MATIÈRES.

18305 PARIS. — IMPRIMERIE GAUTHIER-VILLARS ET FILS, QUAI DES GRANDS-AUGUSTINS, 55.

ERRATA.

Page 99. — *Modifier les huit lignes qui précèdent le paragraphe* 78 *dans le sens suivant :* le nombre des complexes imaginaires dans un système fondamental est toujours pair.

EXTRAIT DU CATALOGUE

DE LA

Librairie GAUTHIER-VILLARS et FILS

Imprimeurs-Libraires-Editeurs du Bureau des Longitudes; de l'Ecole Polytechnique; de l'Ecole Centrale des Arts et Manufactures; du Conservatoire national des Arts et Métiers; de l'Observatoire de Paris; des Observatoires de Montsouris, Bordeaux, Toulouse, Marseille et Nice: du Bureau central météorologique; de la Société française de Physique; du Bureau international des Poids et Mesures. — Editeurs des *Comptes rendus hebdomadaires des séances de l'Académie des Sciences;* du *Journal de Mathématiques*, par M. Camille JORDAN; du *Journal de l'Ecole Polytechnique;* des *Annales scientifiques de l'Ecole Normale supérieure*, par MM. les Maîtres de Conférences; des *Nouvelles Annales de Mathématiques*, par MM. BRISSE et ROUCHÉ; des *Annales de la Faculté des Sciences de Toulouse;* des *Annales du Conservatoire des Arts et Métiers;* du *Bulletin des Sciences mathématiques*, par MM. G. DARBOUX et J. TANNERY; du *Bulletin astronomique*, par M. F. TISSERAND; du *Bulletin de la Société française de Photographie;* du *Bulletin de la Société internationale des Electriciens;* des *Annales de l'Observatoire de Paris;* des *Œuvres du* CAUCHY, FERMAT, FOURIER, LAGRANGE, LAPLACE, etc.

QUAI DES GRANDS-AUGUSTINS, 55, A PARIS.

Envoi *franco*, contre mandat de poste ou valeur sur Paris, dans les *pays faisant partie de l'Union postale*

ANNUAIRE POUR L'AN 1895, publié par le **Bureau des Longitudes**, contenant les Notices suivantes : *Influence de la Lune sur l'atmosphère*, par M. BOUQUET DE LA GRYE. — *Le Congrès géodésique d'Innsprück*, par F. TISSERAND. — *Sur l'Observatoire du mont Blanc*, par M. JANSSEN. — *Notice sur Fresnel*, par M. CORNU. In-18 jésus avec figures et 2 cartes magnétiques.

Broché. . . . . 1 fr. 50 | Cartonné. . . . . . . 3 fr.

Pour recevoir l'Annuaire *franco* par la poste, dans tous les pays faisant partie de l'Union postale, ajouter 35 c.

APPELL (Paul), Membre de l'Institut. — **Traité de Mécanique rationnelle** (Cours de **Mécanique** de la Faculté des Sciences). 3 volumes grand in-8, se vendant séparément :

TOME I. — *Statique. Dynamique du point.* Grand in-8, avec 178 figures; 1893. . . . 16 fr.
TOME II. — *Dynamique des systèmes. Mécanique analytique*. . . . . (*Sous presse.*)
TOME III. — *Hydrostatique. Hydrodynamique*. . . . . (*En préparation.*)

Ce Traité est le résumé des leçons que l'auteur fait depuis plusieurs années à la Faculté des Sciences de Paris sur le programme de la licence. Comme la Mécanique était, jusqu'à présent, à peine enseignée dans les lycées, on ne suppose chez le lecteur aucune connaissance de cette science et on commence par l'exposition des notions préliminaires indispensables, théorie des vecteurs, cinématique du point et du corps solide, principes de la Mécanique, travail des forces. Vient ensuite la Mécanique proprement dite, divisée en Statique et Dynamique.

Ce qui fait le caractère distinctif de cet Ouvrage et ce qui justifiera la publication d'une nouvelle Mécanique rationnelle après tant d'autres excellents Traités, c'est l'introduction de la Mécanique analytique dans les commencements mêmes du cours. Au lieu de reléguer les méthodes de Lagrange à la fin et d'en faire une exposition entièrement séparée, l'auteur a essayé de les introduire dans le courant de l'Ouvrage.

APPELL (Paul), Membre de l'Institut, Professeur à la Faculté des Sciences, et **GOURSAT (Édouard)**, Maître de Conférences à l'Ecole Normale supérieure. — **Théorie des fonctions algébriques et de leurs intégrales.** *Etude des fonctions analytiques sur une surface de Riemann.* Grand in-8, avec figures; 1894. Prix pour les souscripteurs. . . . . 14 fr.
Le premier fascicule (x-256 pages) a paru.

La méthode de représentation que le génie de Riemann a créée pour les fonctions algébriques n'est pas seulement un moyen commode de recherches : c'est une conception qui fait comprendre la véritable nature des fonctions algébriques, qui rend intuitives la notion de genre et l'existence des périodes. D'ailleurs, cette conception de la surface de Riemann est tellement liée à celle des fonctions algébriques, que ces deux conceptions sont équivalentes; à toute fonction algébrique correspond une surface de Riemann, et réciproquement à toute surface de Riemann correspond une classe de fonctions algébriques exprimables rationnellement par l'une d'entre elles.

Mettre les étudiants en possession de cet instrument de travail en leur indiquant comment il permet de traiter avec facilité les questions essentielles sur les fonctions algébriques et leurs intégrales, tel est le but de l'Ouvrage de MM. Appell et Goursat.

ARNOUX (Gabriel), ancien Officier de Marine. — **Arithmétique graphique. — Les Espaces arithmétiques hypermagiques.** Grand in-8, avec nombreuses figures et 1 planche en couleurs; 1894.

Tirage sur papier vélin. . . . . 6 fr.
Tirage sur papier hollande. . . . . 12 fr.

BAILLAUD (B.), Doyen de la Faculté des Sciences de Toulouse, Directeur de l'Observatoire. — **Cours d'Astronomie** *à l'usage des étudiants des Facultés des Sciences.* 2 volumes grand in-8, se vendant séparément.

Ire Partie : *Quelques théories applicables à l'étude des sciences expérimentales. — Probabilités : Erreurs des observations. — Instruments d'Optique. — Instruments d'Astronomie. — Calculs numériques, interpolations,* avec 58 figures; 1893. . . . . 8 fr.

IIe Partie : *Astronomie. Astronomie sphérique. Étude du système solaire. Détermination des éléments géographiques.* (Paraîtra en 1895). . . . . (*Sous presse.*)

BARILLOT (Ernest), Expert-Chimiste près les Tribunaux, Membre de la Société chimique de Paris. — **Traité de Chimie légale.** *Analyse toxicologique. Recherches spéciales.* In-8, avec nombreuses figures; 1894. . . . . 6 fr. 50

L'Auteur a groupé sous le titre de *Traité de Chimie légale* l'ensemble des connaissances chimiques que nécessitent les recherches judiciaires. Envisagée de la sorte, la Chimie légale est une vaste science, et par l'étendue des problèmes qu'elle embrasse et par la somme de connaissances spéciales qu'elle nécessite.

Cet Ouvrage est surtout écrit pour les chimistes appelés à pratiquer des expertises judiciaires. Il leur offrira un guide sûr, évitant la perte de temps que nécessitent les recherches bibliographiques. Il est aussi de nature à rendre de grands services aux magistrats, qui verront quels secours ils peuvent attendre de la Chimie, et aux avocats, qui y puiseront d'utiles renseignements.

BERTRAND (J.), de l'Académie française, Secrétaire perpétuel de l'Académie des Sciences. — **Thermodynamique.** Un beau vol. grand in-8, avec nombreux tableaux et figures dans le texte; 1887 . . . . 10 fr.

BERTRAND (J.), de l'Académie française, Secrétaire perpétuel de l'Académie des Sciences. — **Calcul des Probabilités.** Grand in-8; 1889. . . . . 12 fr.

BERTRAND (J.). — **Leçons sur la Théorie mathématique de l'Électricité.** Grand in-8; 1890. Prix . . . . 10 fr

BOUSSAC (A.), Inspecteur général des Postes et Télégraphes. — **Construction des Lignes électriques aériennes** (École professionnelle supérieure des Postes et Télégraphes). Ouvrage complété par E. Massin, Ingénieur des Télégraphes. Grand in-8, avec 201 figures; 1894. . . . . 7 fr. 50

Extrait de la Préface.

De 1878 à la fin de 1892, toutes les générations qui se sont succédé soit à l'École de Télégraphie, soit à l'École professionnelle supérieure des Postes et Télégraphes, commis, contrôleurs, inspecteurs et élèves ingénieurs, ont eu comme professeur de construction M. Boussac.

M. Boussac s'occupait de la publication de ce Cours, qui comprend vingt-cinq Leçons, et venait de corriger les épreuves de la seizième Leçon, lorsqu'il fut frappé par la maladie qui devait l'emporter, et c'est à nous, son suppléant, qu'échut le soin d'achever l'Ouvrage.

Nous avons trouvé dans les papiers de notre regretté Maître les dix-septième et dix-huitième Leçons complètement rédigées, et la vingt cinquième reste entièrement constituée; mais sur les six autres Leçons, il n'existait absolument rien que l'indication des Chapitres.

M. Boussac, lorsque la maladie est venue l'arrêter, se proposait de refaire sur de nouvelles bases les dernières Leçons qui traitent précisément de la partie pratique de la Construction : le développement rapide et considérable des lignes téléphoniques urbaines et interurbaines a, en effet, créé de nouveaux besoins et apporté à l'établissement des lignes d'importantes modifications, mais les idées nouvelles ne se sont définitivement imposées que dans le courant de 1892.

Ainsi s'expliquent l'absence de tout manuscrit sur la fin du Cours, et, par suite, l'obligation où nous avons été de recourir à nos données personnelles pour la rédaction de cette partie de l'Ouvrage. E. Massin.

BRISSE (Ch.), Professeur à l'École Centrale et au Lycée Condorcet, Répétiteur à l'École Polytechnique. — **Cours de Géométrie descriptive.** 2 volumes grand in-8; 1891.

Ire Partie, à l'usage des élèves de la classe de Mathématiques élémentaires. Avec 230 figures. Prix. . . . . 5 fr.

IIe Partie, à l'usage des élèves de la classe de Mathématiques spéciales. Avec 209 figures. Prix. . . . . 7 fr.

L'Auteur s'est attaché à débarrasser chaque question de toutes les questions auxiliaires qui l'obscurcissent, à séparer nettement la solution géométrique d'un problème de son exécution graphique, à exposer des méthodes véritablement générales, à mettre en évidence la succession logique et nécessaire des idées. A ces fins, les épures d'ensemble ont été séparées des épures de détail, chacune de celles-ci ne se rapportant jamais qu'à un détail unique ; les questions de Géométrie pure soulevées par un tracé ont été résolues immédiatement à la suite de ce tracé, mais imprimées en petits caractères ; les surfaces n'ont jamais été considérées comme étant du second ordre pour l'exposition d'une méthode générale, les simplifications résultant de cette circonstance n'ont été indiquées qu'ensuite ; enfin chaque question a été, autant que possible, amenée immédiatement par la précédente. En un mot, cet Ouvrage se distingue par la simplicité et la clarté de l'exposition ainsi que par l'enchaînement logique des idées.

BRISSE (Ch.). — Cours de Géométrie descriptive, à l'usage des *Candidats à l'École spéciale militaire*. Grand in-8, avec 328 figures ; 1891 . . . . 7 fr.

Cet Ouvrage, écrit dans le même esprit que le précédent, contient toutes les matières nécessaires aux candidats à l'Ecole spéciale militaire. Il est rédigé d'après les programmes les plus récents. Nous pouvons ajouter que cet Ouvrage constitue un *Cours élémentaire de Géométrie descriptive* également utile à consulter par tous ceux qui étudient pour la première fois cette application si intéressante de la Science.

Les Tables détaillées des matières contenues dans les deux Cours de M. Brisse sont envoyées franco sur demande.

BRISSE (Ch.). — Cours de Géométrie descriptive, à l'usage des élèves de l'Enseignement secondaire moderne. Grand in-8, avec 345 figures ; 1895. . . . . 7 fr.

BRISSE (Ch.). — Recueil de problèmes de Géométrie analytique, à l'usage des classes de Mathématiques spéciales. *Solutions des problèmes donnés au concours d'admission à l'Ecole Centrale depuis* 1862. 2ᵉ édition. In-8, avec figures ; 1892. . . . . 5 fr.

Une classe de Mathématiques spéciales se compose d'élèves nouveaux et d'élèves anciens. Il y a avantage à faire traiter par ces derniers des problèmes de Géométrie analytique dès le commencement de l'année. Les questions proposées pour l'admission à l'Ecole Centrale, très bien choisies et relativement faciles, fournissent de très bons exercices. Mais il est impossible de donner en conférences la solution de ces exercices, à cause de la présence des élèves de première année qui n'ont pas encore fait de Géométrie analytique. L'Auteur a alors rédigé, *avec tous les détails que l'on donne au tableau*, les solutions de ces exercices, pour les faire circuler parmi ses élèves au moment où il leur rendait leurs copies corrigées, mais sans intention de les rendre publiques. Ce sont ces solutions qui, sur la demande des éditeurs, ont été réunies en volume, de sorte que l'Ouvrage offert aujourd'hui aux élèves est un Recueil de problèmes, dont les solutions abondent en détails inusités.

BRISSE (Ch.), Professeur à l'École Centrale et au Lycée Condorcet, Répétiteur à l'École Polytechnique. — **Cours de Mécanique**, *à l'usage de la classe de Mathématiques spéciales*, entièrement conforme au dernier programme d'admission à l'Ecole Polytechnique. Grand in-8, avec 44 figures ; 1892. . . . . 3 fr. 25

Le *Cours de Mécanique* que nous publions aujourd'hui est le simple développement du nouveau programme d'admission à l'École Polytechnique. L'Auteur s'est attaché à le suivre pas à pas et sans lui donner aucune extension qui ne résulte du texte d'une manière formelle. Le nouvel enseignement a pour but non pas d'aligner des calculs, ni de servir de prétexte à des problèmes d'Analyse intéressants, mais de donner aux élèves des idées justes qu'ils n'aient pas à modifier après leur entrée à l'École. Ce n'est que bien pénétrés de ces idées qu'ils pourront plus tard aborder avec lucidité les nouvelles théories physiques, qui leur fourniront alors des exercices et des applications véritablement dignes d'intérêt, au lieu de ces problèmes à énoncés laborieusement échafaudés, fort jolis au point de vue des Mathématiques pures, mais auxquels la Mécanique ne fait que prêter son nom.

CAUCHY (A.). — Œuvres complètes d'Augustin Cauchy. In-4.

Chaque volume se vend séparément.. 25 fr.

Prix pour les souscripteurs. . . . . 20 fr.

Les Tomes I, IV, V, VI, VII, VIII de la 1ʳᵉ Série, et VI, VII, VIII, IX, X de la 2ᵉ Série, on été publiés précédemment. Le Tome X de la 2ᵉ Série vient de paraître.

2ᵉ Série. Tome X. *Résumés analytiques de Turin. Nouveaux Exercices de Prague* (Mémoire sur la dispersion de la lumière) ; 1894. . . . . 25 fr.

En souscription : **1ʳᵉ Série.** Tome IX. *Extraits des Comptes rendus de l'Académie des Sciences*. In-4 ; 1895. . . . . 25 fr.

Prix pour les souscripteurs . . . . 20 fr.

CHAPPUIS (J.), Agrégé, Docteur ès sciences, Professeur de Physique générale à l'École Centrale, et **BERGET (A.)**, Docteur ès sciences, attaché au laboratoire des Recherches physiques de la Sorbonne. **Leçons de Physique générale.** *Cours professé à l'Ecole Centrale des Arts et Manufactures et complété suivant le programme de la Licence ès sciences physiques*. 3 volumes grand in-8, se vendant séparément :

Tome I. — *Instruments de mesure. Chaleur.* Avec 175 figures ; 1891. . . . . 13 fr.

Tome II. — *Electricité et Magnétisme.* Avec 305 figures ; 1891. . . . . 13 fr.

Tome III. — *Acoustique. Optique. Electro-optique.* Avec 193 figures ; 1892. . . . . 10 fr.

Les jeunes gens qui se livrent aux études d'enseignement supérieur en suivant les cours des Facultés ou ceux des grandes écoles du Gouvernement n'ont plus rien à apprendre dans les traités élémentaires écrits pour l'enseignement secondaire. D'autre part, il n'est pas donné à tous de pouvoir consulter avec fruit tous les ouvrages considérables où l'exposé de la science a reçu les plus complets développements. Entre ces deux ordres de publications : les unes trop élémentaires, les autres trop élevées, ils cherchent en vain un livre qui réponde à leur programme et soit au niveau de leurs études. C'est ce livre que nous présentons au public.

CHEVROT (René), Ancien Directeur d'Agence de la Société Générale et du Crédit Lyonnais, Ancien Inspecteur de la Société du Crédit Mobilier. — **Pour devenir financier. Traité théorique et pratique de Banque et de Bourse.** In-8; 1893 . . . . 6 fr.

Ce petit Traité pratique de Banque et de Bourse sera d'un précieux secours aux candidats qui veulent entrer dans les grands établissements de Crédit; en outre, il est assez riche en renseignements pour que les employés appelés à passer d'un poste à un autre se trouvent, grâce à lui, en mesure de remplir les fonctions successives qui leur seront confiées. La première Partie expose en détail le mécanisme de la Comptabilité dans les maisons de Banque; la seconde Partie s'adresse aux capitalistes et spéculateurs. Ces chapitres seront lus avec fruit non seulement par ceux qui ont pour but de *devenir financiers*, mais par les financiers, qui trouveront rarement un résumé aussi bref sans sécheresse, aussi complet sans diffusion, de ce qui a trait aux fonds publics.

COMBEROUSSE (Charles de), Ingénieur civil, Professeur au Conservatoire national des Arts et Métiers et à l'Ecole Centrale des Arts et Manufactures, ancien Président du Jury d'admission à la même Ecole, ancien Professeur de Mathématiques spéciales au Collège Chaptal. — **Cours de Mathématiques**, à l'usage des Candidats à l'Ecole Polytechnique, à l'Ecole Normale supérieure et à l'Ecole Centrale des Arts et Manufactures. 4 volumes in-8, avec figures et planches.

Chaque volume se vend séparément :

TOME Ier. — *Arithmétique* et *Algèbre élémentaire*, avec 38 figures. 3e édition; 1884. 10 fr.

On vend séparément :

Arithmétique . . . . 4 fr.
Algèbre élémentaire . . . . 6 fr.

TOME II. — *Géométrie élémentaire, plane et dans l'espace. — Trigonométrie rectiligne et sphérique*, avec 543 figures. 3e édition, revue et augmentée; 1893. . . . . 13 fr.

On vend séparément :

Géométrie élémentaire plane et dans l'espace . . . . . 8 fr.
Trigonométrie rectiligne et sphérique, suivie de Tables des valeurs des lignes trigonométriques naturelles. 5 fr.

TOME III. — *Algèbre supérieure*. Ire Partie : *Compléments d'Algèbre élémentaire* (*Déterminants, fractions continues, etc.*). — *Combinaisons*. — *Séries*. — *Etude des Fonctions*. — *Dérivées et différentielles*. — *Premières notions sur les Intégrales*. 2e édition; 1887. 15 fr.

TOME IV. — *Algèbre supérieure*. IIe Partie : *Etude des Imaginaires*. — *Théorie générale des Equations*. 2e édition; 1890 . . . . 15 fr.

CONNAISSANCE DES TEMPS ou DES MOUVEMENTS CÉLESTES, à l'usage des Astronomes et des Navigateurs, publiée par le Bureau des Longitudes, **pour l'an 1897**. Grand in-8 de VI-864 pages avec 2 cartes en couleurs; 1894 :

Broché. . . . . 4 fr. | Cartonné. . . . . . . 4 fr. 75 c.

Pour recevoir l'Ouvrage *franco*, dans tous les pays faisant partie de l'Union postale, ajouter 1 fr.

Depuis le Volume pour l'année 1879, le prix de la CONNAISSANCE DES TEMPS a été abaissé à 4 francs, malgré les augmentations considérables introduites dans ce Recueil. — Les Mémoires qui composaient autrefois les *Additions* sont publiés dans les ANNALES DU BUREAU DES LONGITUDES ET DE L'OBSERVATOIRE ASTRONOMIQUE DE MONTSOURIS.

La *Connaissance des Temps* pour l'an 1898 est *sous presse*.

DUHEM, Chargé d'un cours complémentaire de Physique mathématique et de Cristallographie à la Faculté des Sciences de Lille. — **Leçons sur l'Electricité et le Magnétisme.** 3 volumes grand in-8, avec 215 figures, se vendant séparément :

TOME I : *Conducteurs à l'état permanent*; 1891 . . . . 16 fr.
TOME II : *Les Aimants et les corps diélectriques*; 1892. . . . . 14 fr.
TOME III : *Les Courants linéaires*; 1892 . . . . 15 fr.

Extrait de la ***Revue bibliographique belge*** **(numéro d'août 1891).**

Le but de cet Ouvrage est de coordonner mathématiquement les théories les mieux assises sur l'Electricité et le Magnétisme, en contrôlant toujours les principes par l'expérience. Nous ne pensons pas qu'aucun Ouvrage récent ait traité d'une manière aussi solide et aussi compétente les mêmes sujets et mieux montré la supériorité des théories si nettes et si précises dues aux savants français sur les principes de Faraday et Maxwell, qui manquent de ces qualités. Il est donc appelé à un réel succès. PH. G.

FERMAT. — **Œuvres de Fermat**, publiées par les soins de **MM.** *Paul Tannery* et *Charles Henry*, sous les auspices du MINISTÈRE DE L'INSTRUCTION PUBLIQUE. In-4.

TOME I : *Œuvres mathématiques diverses*. — *Observations sur Diophante*. Avec 3 planches en Photoglyptographie (Portrait de Fermat, fac-similé du titre de l'édition de 1679, et fac-similé d'une page de son écriture); 1891. . . . . 22 fr.

TOME II : *Correspondance de Fermat*; 1894. . . . . 22 fr.

TOME III : *Traductions des écrits latins de Fermat, du* « Commercium Epistolicum » *de Wallis, de l'* « Inventum novum » *de Jacques de Billy*. — *Suppléments à la Correspondance*; 1895. . . . . (*Sous presse*.)

FOULON (V.), Ingénieur des Ponts et Chaussées. — **Cours élémentaire de machines à vapeur.** In-8, avec 216 figures; 1893. . . . . 5 fr.

GARÇON (Jules). — **La pratique du teinturier.** 3 volumes in-8, se vendant séparément.
TOME I : *Les méthodes et les essais de teinture. Le succès en teinture;* 1893. . . . . 3 fr. 50
TOME II : *Le matériel de teinture*, avec 245 figures; 1894. . . . . 10 fr.
TOME III : *Les recettes et procédés spéciaux de teinture*. . . . . (*En préparation.*)

Présenter sous une forme résumée l'ensemble des connaissances pratiques qui peuvent le plus aider un teinturier dans son travail de chaque jour, tel est l'objet de cet Ouvrage.

Après les quelques considérations générales d'une Introduction historique, l'auteur traite successivement dans le premier Volume : 1° des *Méthodes de teinture*, et 2° des *Essais de teinture;* il étudie tout spécialement les conditions qui permettent au teinturier de bien unir, de bien échantillonner; il étudie aussi la question si importante de la solidité des teintures.

Un Appendice à la fin de ce Volume comprend : 1° Quelques réflexions sur la *Théorie de la teinture;* 2° Les éléments de la *Science de la couleur;* 3° Une *Bibliographie* des principaux Ouvrages français et étrangers.

GARÇON (Jules), Ingénieur chimiste, Licencié ès sciences. — **Bibliographie de la technologie chimique des fibres textiles.** *Propriétés. Blanchiment. Teinture. Matières colorantes. Impression. Apprêts.* (Ouvrage couronné par la Société industrielle de Mulhouse, dans sa séance du 26 octobre 1892.) Grand in-8; 1893. . . . . 6 fr.

GAUTIER (Henri) et **CHARPY (Georges)**, anciens Elèves de l'Ecole Polytechnique, Docteurs ès sciences. — **Leçons de Chimie**, *à l'usage des élèves de Mathématiques spéciales.* 2° édit. Grand in-8, avec 92 figures; 1894. . . . . 9 fr.

Ces **Leçons de Chimie** présentent ceci de particulier qu'elles ne sont pas la reproduction des Ouvrages similaires parus dans ces dernières années. Les théories générales de la Chimie sont beaucoup plus développées que dans la plupart des Livres employés dans l'enseignement; elles sont mises au courant des idées actuelles, notamment en ce qui concerne la théorie des équilibres chimiques. Toutes ces théories qui montrent la continuité qui existe entre les phénomènes chimiques, physiques et même mécaniques, sont exposées sous une forme facilement accessible. La question des nombres proportionnels, qui est trop souvent négligée dans les Ouvrages destinés aux candidats aux Ecoles du Gouvernement, est traitée avec tous les développements désirables. Dans tout le cours du Volume, on remarque aussi une grande préoccupation de l'exactitude; les faits cités sont tirés des mémoires originaux ou ont été soumis à une nouvelle vérification. Les procédés de l'industrie chimique sont décrits sous la forme qu'ils possèdent actuellement. L'Ouvrage ne comprend que l'étude des métalloïdes, c'est-à-dire les matières exigées pour l'admission aux Ecoles Polytechnique et Centrale. En résumé, le Livre de MM. Gautier et Charpy est destiné, croyons-nous, à devenir rapidement classique.

GÉRARD (Eric), Directeur de l'Institut électrotechnique Montefiore. — **Leçons sur l'Electricité**, professées à l'Institut électrotechnique. 3° édition, refondue et complétée. 2 volumes grand in-8, se vendant séparément.
TOME I : *Théorie de l'Electricité et du Magnétisme. Electrométrie. Théorie et construction des Générateurs et des Transformateurs électriques.* Grand in-8, avec 266 figures; 1893. 12 fr.
TOME II : *Canalisation et distribution de l'énergie électrique. Application de l'électricité à la production et à la transmission de la puissance motrice, à la traction, à la télégraphie et à la téléphonie, à l'éclairage et à la métallurgie.* Grand in-8, avec 257 figures; 1893. . 12 fr.

GRAY (John), Associé à l'Ecole Royale des Mines, de l'Institut des Ingénieurs électriciens, etc. — **Les machines électriques à influence.** *Exposé complet de leur histoire et de leur théorie*, suivi d'*Instructions pratiques sur la manière de les construire.* Traduit de l'anglais et annoté par GEORGES PELLISSIER, rédacteur à la *Lumière électrique.* In-8, avec 124 fig.; 1892. 5 fr.

L'Ouvrage de M. Gray a été accueilli en Angleterre avec une faveur marquée; il en sera de même en France, d'autant plus sûrement que l'édition française est complétée par des notes et par un Appendice relatifs à certains faits nouveaux ou laissés de côté par l'auteur.

GRÉVY (A.), Agrégé des Sciences mathématiques, Professeur au Lycée de Bar-le-Duc. — **Compositions données depuis 1872 aux examens de Saint-Cyr.** *Algèbre et Géométrie* (Enoncés et Solutions). 2° édition. In-8, avec 30 figures; 1894 . . . . 2 fr. 50

Les questions traitées dans ce recueil ont toutes été proposées aux différents concours de l'Ecole spéciale militaire : on a choisi les solutions les plus simples, et la méthode qui se présente naturellement à l'esprit a été adoptée de préférence à certains procédés parfois plus élégants, mais auxquels des élèves peu exercés ne sauraient avoir recours sans inconvénient.

Ce recueil, destiné aux candidats à Saint-Cyr, pourra également être utile à consulter par les candidats à l'Ecole Navale et au baccalauréat ès Sciences.

HALPHEN (G.-H.), Membre de l'Institut. — **Traité des fonctions elliptiques et de leurs applications.** 3 volumes grand in-8, se vendant séparément :
Ire PARTIE : *Théorie des fonctions elliptiques et de leurs développements en séries;* 1886. 15 fr.
IIe PARTIE : *Applications à la Mécanique, à la Physique, à la Géodésie, à la Géométrie et au Calcul intégral;* 1888. . . . . 20 fr.
IIIe PARTIE : *Fragments* (*Quelques applications à l'Algèbre et particulièrement à l'équation*

*

du 5e degré. Quelques applications à la théorie des nombres. Questions diverses.) Publié par les soins de la Section de Géométrie de l'Académie des Sciences; 1891 . . . 8 fr. 50

HERZBERG (Wilhelm), Directeur du Bureau royal d'Analyse des papiers à Berlin. — **Analyse et essais des papiers**, suivie d'une ÉTUDE SUR LES PAPIERS *destinés à l'usage administratif en Prusse* (Normal-Papier), par Carl HOFFMANN, Ingénieur civil, Directeur de la « Papier Zeitung ». Ouvrage traduit par G. MARTEAU, Ingénieur des Arts et Manufactures. In-8, avec 34 figures et 2 planches; 189. . . . . 5 fr.

JAMIN (J.), Secrétaire perpétuel de l'Académie des Sciences, Professeur de Physique à l'École Polytechnique, et **BOUTY (E.)**, Professeur à la Faculté des Sciences. — **Cours de Physique de l'Ecole Polytechnique.** 4e édition, augmentée et entièrement refondue, par E. BOUTY. 4 forts volumes in-8 de plus de 4000 pages, avec 1587 figures et 14 planches sur acier, dont 2 en couleur; 1885-1891. (*Autorisé par décision ministérielle.*). . . . . 72 fr.

On vend séparément (voir le *Catalogue*) :

TOME I : *Instruments de mesure. Hydrostatique. Physique moléculaire.* 243 figures et une planche . . . . 9 fr.
(1er fascicule, 5 fr. — 2e fascicule, 4 fr.)

TOME II : *Chaleur.* 193 figures et 2 planches . . . . 15 fr.
(1er fascicule, 5 fr. — 2e fascicule, 5 fr. — 3e fascicule, 5 fr.

TOME III : *Acoustique. Optique.* 511 figures et 8 planches . . . . 22 fr.
(1er fascicule, 4 fr. — 2e fascicule, 4 fr. — 3e fascicule, 14 fr.)

TOME IV (1re Partie) : *Electricité statique et dynamique.* 316 figures et 2 planches. 13 fr.
(1er fascicule. 7 fr. — 2e fascicule, 6 fr.)

TOME IV (2e Partie) : *Magnétisme. Applications.* 324 figures et 1 planche. . . . . 13 fr.
(3e fascicule, 8 fr. — 4e fascicule, 5 fr.)

JANET (Paul), Professeur à la Faculté des Sciences de Grenoble. — **Premiers principes d'Electricité industrielle.** *Piles. Accumulateurs. Dynamos. Transformateurs.* In-8, avec 173 figures; 1893 . . . . 6 fr.

Ce Livre s'adresse à toute personne désireuse d'acquérir quelques idées fondamentales, précises, dans cette Science appliquée, aujourd'hui de si vaste étendue, l'Electricité; de changer en idées modernes, actuelles, le bagage suranné du vieil enseignement qui a disparu il y a si peu de temps, enfin de se mettre au courant des principes essentiels pour pénétrer plus avant dans l'étude des phénomènes électriques et de leurs applications. Il s'adresse aussi aux Étudiants de nos Facultés et Ecoles, qui y trouveront peut-être quelque secours pour s'habituer à voir le sens physique des choses et le côté pratique d'une Science dont ils connaissent la théorie.

JORDAN (Camille), Membre de l'Institut, Professeur à l'Ecole Polytechnique. — **Cours d'Analyse de l'Ecole Polytechnique.** Trois volumes in-8, avec figures, se vendant séparément :

Tome I. — CALCUL DIFFÉRENTIEL. 2e édition, entièrement refondue; 1893. . . . 17 fr.
Tome II. — CALCUL INTÉGRAL. (*Intégrales définies et indéfinies.*) 2e édition, entièrement refondue; 1894. . . . . 17 fr.
Tome III. — CALCUL INTÉGRAL. (*Equations différentielles*); 1887. . . . . 17 fr.

LAISANT (C.-A.), Docteur ès Sciences. — **Recueil de problèmes de Mathématiques** *classés par divisions scientifiques*, contenant les énoncés avec renvoi aux solutions de tous les problèmes posés, depuis l'origine, dans divers journaux : *Nouvelles Annales de Mathématiques, Journal de Mathématiques élémentaires et de Mathématiques spéciales, Mathésis, Nouvelle Correspondance mathématique.* 7 volumes in-8, se vendant séparément.

CLASSES DE MATHÉMATIQUES ÉLÉMENTAIRES.

I : *Arithmétique. Algèbre élémentaire. Trigonométrie;* 1893 . . . . 2 fr. 50
II : *Géométrie à deux dimensions. Géométrie à trois dimensions. Géométrie descriptive;* 1893 . . . . 5 fr.

CLASSES DE MATHÉMATIQUES SPÉCIALES.

III : *Algèbre. Théorie des nombres. Probabilités. Géométrie de situation;* 1895.
IV : *Géométrie analytique à deux dimensions* (*et Géométrie supérieure*); 1893. . 6 fr. 50
V : *Géométrie analytique à trois dimensions* (*et Géométrie supérieure*); 1893 . . 2 fr. 50
VI : *Géométrie du triangle.*

LICENCE ÈS SCIENCES MATHÉMATIQUES.

VII : *Calcul infinitésimal et Calcul des fonctions. Mécanique. Astronomie.*

Ces problèmes représentent en quelque sorte le résumé des travaux mathématiques d'un demi-siècle. Presque tous intéressants, quelques-uns sont dus à des géomètres illustres. Et cependant, épars dans des collections dont quelques-unes sont rares aujourd'hui, ils étaient devenus presque introuvables pour les élèves. M. Laisant aura rendu un réel service à l'Enseignement et à l'histoire de la Science, en faisant une classification de tous ces problèmes. Il a eu soin du reste d'indiquer les solutions publiées par un système de renvois abréviatifs, afin de permettre, en cherchant dans les collections des bibliothèques, de retrouver une solution qu'on désirerait étudier.

Grâce à la classification adoptée, une question quelconque peut être retrouvée presque immédiatement dans l'Ouvrage si elle y figure. Chaque Volume contient du reste sur la classification et les notations tous les renseignements nécessaires pour se suffire à lui-même.

LAURENT (H.), Examinateur d'admission à l'École Polytechnique. — **Traité d'Algèbre**, à l'usage des Candidats aux Ecoles du Gouvernement. Edition revue et mise en harmonie avec les derniers programmes par J.-H. MARCHAND. 4 volumes in-8.

On vend séparément :

Ire PARTIE : **Algèbre élémentaire**, à l'usage des *Classes de Mathématiques élémentaires*. 4 fr.
IIe PARTIE : **Analyse algébrique**, à l'usage des *Classes de Mathématiques spéciales*. . . 4 fr.
IIIe PARTIE : **Théorie des équations**, à l'usage des *Classes de Mathématiques spéciales*. 5e édition ; 1894. . . . . 4 fr.
IVe PARTIE. COMPLÉMENTS : **Théorie des polynomes à plusieurs variables** ; 1894. . . 1 fr. 50

LAURENT (H.), Examinateur d'admission à l'École Polytechnique. — **Traité d'Analyse**. 7 volumes in-8, avec figures . . . . 73 fr.
TOME I. — **Calcul différentiel**. — *Applications analytiques ;* 1885 . . . . 10 fr.
TOME II. — *Applications géométriques ;* 1887. . . . . 12 fr.
TOME III. — **Calcul intégral**. — *Intégrales définies et indéfinies*. In-8, avec figures ; 1888 . . . . 12 fr.
TOME IV. — *Théorie des fonctions algébriques et leurs intégrales*. In-8, avec figures ; 1890 . . . . 12 fr.
TOME V. — *Équations différentielles ordinaires ;* 1890 . . . . 10 fr.
TOME VI. — *Équations aux dérivés partielles ;* 1890 . . . . 8 fr. 50
TOME VII et dernier. — *Applications géométriques de la théorie des équations différentielles ;* 1891 . . . . 8 fr. 50

Ce Traité est le plus étendu qui soit publié sur l'Analyse. Il est destiné aux personnes qui, n'ayant pas le moyen de consulter un grand nombre d'ouvrages, ont le désir d'acquérir des connaissances étendues en Mathématiques. Il contient donc, outre le développement des matières exigées des candidats à la Licence, le résumé des principaux résultats acquis à la Science. (Des astérisques indiquent les matières non exigées des candidats à la Licence.) Enfin, pour faire comprendre dans quel esprit est rédigé ce Traité d'Analyse, il suffira de dire que l'Auteur est un ardent disciple de Cauchy.

LODGE (O.), Professeur à l'University College de Liverpool. — **Les théories modernes de l'Électricité**. *Essai d'une théorie nouvelle*. Traduit de l'anglais et annoté par *E. Meylan*, Ingénieur civil. In-8, avec figures ; 1891 . . . . 5 fr.

LUCAS (Édouard), Professeur de Mathématiques au Lycée Saint-Louis. — **Théorie des nombres**. *Le calcul des nombres entiers. Le calcul des nombres rationnels. La divisibilité arithmétique*. Grand in-8, avec figures; 1891. . . . . 15 fr.

Titres des Livres et Chapitres.

Préface. — Introduction. — **Livre I.** *Les nombres entiers*. — CHAP. I. Addition des nombres entiers. — CHAP. II. Soustraction des nombres entiers. — CHAP. III. Multiplication des nombres entiers. — CHAP. IV. Division et classification des entiers. — CHAP. V. Les nombres figurés. — CHAP. VI. L'analyse combinatoire. — CHAP. VII. La géométrie de situation. — CHAP. VIII. La multiplication algébrique. — **Livre II.** *Les nombres rationnels*. — CHAP. IX. Les nombres fractionnaires. — CHAP. X. Le calcul des probabilités. — CHAP. XI. La division algébrique. — CHAP. XII. Les polynômes dérivés. — CHAP. XIII. Le calcul symbolique. — CHAP. XIV. Sommation des puissances numériques. — CHAP. XV. Les fonctions symétriques. — CHAP. XVI. Les déterminants. — CHAP. XVII. Les suites récurrentes linéaires. — CHAP. XVIII. Les fonctions numériques de second ordre. — **Livre III.** *La divisibilité arithmétique*. — CHAP. XIX. Codiviseurs et comultiples. — CHAP. XX. Les nombres premiers. — CHAP. XXI. Les diviseurs des nombres. — CHAP. XXII. De l'indicateur. — CHAP. XXIII. Les restes. — CHAP. XXIV. Les fractions continues. — NOTES ET ADDITIONS.

LUCAS (Édouard). — **Récréations mathématiques**. 4 volumes petit in-8, caractères elzévirs, titres en deux couleurs, se vendant séparément :
TOME I. — *Les Traversées. — Les Ponts. — Les Labyrinthes. — Les Reines. — Le Solitaire. — La Numération. — Le Baguenaudier. — Le Taquin*. 2e édition ; 1891. Prix : Papier Hollande, 12 fr. ; vélin. . . . . 7 fr. 50
TOME II. — *Qui perd gagne. — Les Dominos. — Les Marelles. — Le Parquet. — Le Casse-Tête. — Les Jeux de demoiselles. — Le Jeu icosien d'Hamilton ;* 1883. Prix : Papier Hollande, 12 fr. ; vélin. . . . . 7 fr. 50
TOME III. — *Le Calcul digital. — Machines arithmétiques. — Le caméléon. — Les jonctions de points. — Le Jeu militaire. — La prise de la Bastille. — La patte d'oie. — Le fer à cheval. — Le Jeu américain. — Amusements par les jetons. — L'Étoile nationale. — Rouge et Noire ;* 1893. Prix : Papier Hollande, 9 fr. 50 ; vélin . . . . 6 fr. 50
TOME IV. — *Le Calendrier perpétuel. — L'Arithmétique en boules. — L'Arithmétique en bâtons. — Les Mérelles au treizième siècle. — Les carrés magiques de Fermat. — Les Réseaux et les Dominos. — Les Régions et les quatre couleurs. — La machine à marcher ;* 1894. Prix : papier Hollande, 12 fr. ; vélin. . . . . 7 fr. 50

MANNHEIM (le Colonel **A.**), Professeur à l'Ecole Polytechnique. — **Principes et développe-**

ments de Géométrie cinématique. *Ouvrage contenant de nombreuses applications à la Théorie des surfaces.* In-4, avec 186 figures; 1894. . . . . 25 fr.

Cet Ouvrage considérable débute par les premiers principes de la Géométrie cinématique. Puis il contient l'exposé méthodique des nombreux travaux de l'Auteur relatifs aux propriétés des déplacements des figures. Les déplacements non complètement définis font l'objet d'une étude spéciale. Cette étude, du domaine exclusif de la Géométrie cinématique, donne lieu à un grand nombre de résultats intéressants qu'on ne saurait trouver ailleurs.

Ce Livre contient aussi des applications très diverses qui se rapportent à l'Optique et surtout à la Théorie des surfaces.

MASCART (E.), Membre de l'Institut, Professeur au Collège de France, Directeur du Bureau central météorologique. — **Traité d'Optique.** Trois beaux volumes grand in-8°, avec figures et planches.

On vend séparément :

TOME I : *Systèmes optiques. Interférences. Vibrations. Diffraction. Polarisation. Double réfraction,* avec 199 figures et 2 planches; 1889 . . . . 20 fr

TOME II ET ATLAS : *Propriétés des cristaux. Polarisation rotatoire. Réflexion vitrée. Réflexion métallique. Réflexion cristalline. Polarisation chromatique,* avec 113 figures et Atlas contenant 2 planches sur cuivre dont une en couleur (Propriétés des cristaux. Colorations des cristaux par les interférences) ; 1891. . . . . 25 fr.

TOME III : *Polarisation par diffraction. Propagation de la lumière. Photométrie. Réfractions astronomiques.* Avec 83 figures; 1893. . . . . 20 fr.

L'auteur a traité, dans cet Ouvrage, sous la forme qui convient à une publication, les questions d'Optique qu ont fait, à différentes reprises, l'objet de son enseignement au Collège de France.

Ce Traité s'adresse aux élèves des Facultés et des Ecoles d'enseignement supérieur. L'Auteur espère que les physiciens et les professeurs trouveront aussi quelque intérêt dans le mode d'exposition, le groupement des phénomènes, la discussion des expériences et dans certaines questions que les publications analogues n'ont pas l'habitude de traiter.

MAXWELL (James Clerk), Professeur de Physique expérimentale à l'Université de Cambridge. — **Traité de l'Electricité et du Magnétisme.** Traduit de l'anglais sur la 2e édition, par M. SELIGMANN-LUI, ancien élève de l'Ecole Polytechnique, Ingénieur des Télégraphes, avec *Notes et éclaircissements* par MM. CORNU, membre de l'Institut, et POTIER, professeurs à l'Ecole Polytechnique, et suivi d'un *Appendice sur la théorie des quaternions,* par M. E. SARRAU, membre de l'Institut, Professeur à l'Ecole Polytechnique. Deux forts volumes grand in-8, avec figures et 20 planches dans le texte; 1886-1889. . . . . 30 fr.

Chaque volume se vend séparément. . . . . 15 fr.

Dans cette édition française, le texte de l'illustre Maxwell a été scrupuleusement respecté; mais, en raison même de la fidélité avec laquelle le traducteur a suivi l'original, on a jugé utile d'ajouter quelques éclaircissements destinés à faciliter l'étude de cet Ouvrage aux lecteurs peu familiarisés avec les formes de l'enseignement anglais. Dans le même but, on a complété l'Ouvrage par des Notes sur certaines questions qui ne sont pas encore entrées dans notre enseignement (*Théorie des Quaternions, Théorie des Sphériques harmoniques,* etc.), et par des renseignements bibliographiques. Sous cette forme, l'édition française peut être lue avec fruit par nos professeurs et même par les élèves des Facultés et des Ecoles spéciales.

Avec les progrès qui s'accomplissent tous les jours dans l'utilisation pratique de l'Electricité, les ingénieurs électriciens sont amenés inévitablement à perfectionner leurs connaissances théoriques, spécialement en ce qui concerne les mesures électriques. L'Ouvrage de Maxwell contient précisément un bon nombre de Chapitres d'une lecture aisée, où se trouvent exposées, avec une clarté parfaite, les théories de ces méthodes rigoureuses dont l'usage est devenu si général.

MÉRAY, Professeur à la Faculté des Sciences de Dijon. — **Leçons nouvelles sur l'Analyse infinitésimale et ses applications géométriques.** (*Ouvrage honoré d'une souscription du Ministère de l'Instruction publique.*) 3 volumes grand in-8, se vendant séparément :

Ire PARTIE : *Principes généraux ;* 1894. . . . . 13 fr.

IIe PARTIE : *Etude monographique des principales fonctions d'une seule variable. (Sous presse.)*

IIIe et IVe PARTIE : *Questions analytiques classiques. — Applications géométriques* (Actuellement rédigées pour paraître successivement).

L'Auteur expose sur un plan inédit, et avec les développements nécessaires, ses méthodes personnelles, éprouvées par vingt-cinq années d'emploi exclusif dans son enseignement. Elles se distinguent de celles dont l'habitude maintient encore le crédit, par des procédés naturels et uniformes qui confèrent aux démonstrations, pour la première fois, la rigueur et la clarté des considérations algébriques les plus faciles. Dans leur essence, ces procédés consistent à analyser les principaux modes de génération des fonctions analytiques pour en déduire *directement* la possibilité générale de leur représentation par des séries entières, puis à substituer *partout* cette notion si simple et si féconde aux intuitions, sans précision ni portée, dans lesquelles les raisonnements fondamentaux de la théorie des fonctions se sont toujours embarrassés.

Ce point de vue, que Lagrange avait pourtant indiqué en lui donnant toute sa prédilection, a été bien longtemps dédaigné; maintenant, au contraire, il gagne chaque jour du terrain, et peut-être tardera-t-il peu à devenir dominant. Les géomètres pour lesquels il aurait des côtés séduisants liront cet Ouvrage avec un grand intérêt; nous le recommanderons avec la même confiance à tous ceux qu'ont choqués l'insuffisance et les obscurités des aperçus traditionnels.

NIEWENGLOWSKI (B.), Professeur de Mathématiques spéciales au Lycée Louis-le-Grand, Membre du Conseil supérieur de l'Instruction publique. — **Cours de Géométrie analytique**, à l'usage des Elèves de la classe de Mathématiques spéciales et des Candidats aux Écoles du Gouvernement. 3 volumes grand in-8, avec nombreuses figures, se vendant séparément.

TOME I : SECTIONS CONIQUES; 1894. . . . . 10 fr.

TOME II : CONSTRUCTION DES COURBES PLANES. — COMPLÉMENTS RELATIFS AUX CONIQUES. (Paraîtra à la fin de 1894.). . . . . (*Sous presse.*)

TOME III : GÉOMÉTRIE DANS L'ESPACE, avec une *Note sur la Transformation des figures;* par E. BOREL, Maître de Conférences à la Faculté des Sciences de Lille. . (*En préparation.*)

AVANT-PROPOS

Ce *Cours* comprend tout ce qui est exigé des candidats à l'École Polytechnique ou à l'École Normale relativement à la Géométrie analytique : il contient davantage. Les élèves qui se préparent à subir les épreuves d'un concours difficile sont obligés d'apprendre plus que le *programme*, en vertu de cet adage : *Qui peut le plus, peut le moins.* Aussi ne me suis-je pas limité aux seules théories qui figurent explicitement dans les programmes officiels. Ni les coordonnées trilinéaires, ni les coordonnées tangentielles n'y sont mentionnées; leur connaissance est pourtant précieuse : c'est pourquoi je leur ai fait une place importante. Néanmoins j'ai réservé la prédominance aux coordonnées cartésiennes qui constituent l'instrument fondamental.

L'emploi des coordonnées tangentielles exige quelque expérience; on ne peut le nier. On ne doit donc, à mon avis, les introduire dans l'enseignement qu'avec beaucoup de prudence et de ménagement. J'ai cru possible et avantageux d'exposer la théorie des coordonnées homogènes et des coordonnées trilinéaires aussitôt après la *ligne droite;* mais c'est surtout la transformation par polaires réciproques qui permet de comprendre l'usage des coordonnées tangentielles en éclairant d'un jour plus vif les raisonnements directs qui semblent parfois quelque peu détournés. Pour cette raison, j'ai placé les principales applications des coordonnées tangentielles après les polaires réciproques.

A la suite de chaque Chapitre, j'ai indiqué quelques exercices dont j'aurais pu facilement étendre le nombre, en faisant des emprunts aux journaux ou aux recueils de problèmes. J'ai préféré n'indiquer que des applications immédiates ou des compléments utiles.

Le premier Volume contient la ligne droite, le cercle et une partie de la théorie des coniques ainsi que la théorie des tangentes. Le deuxième renfermera les théories générales relatives aux courbes planes et des compléments concernant les coniques. Un troisième Volume sera consacré à la Géométrie dite *à trois dimensions.* J'ai toujours donné la préférence aux méthodes symétriques; pour passer de la Géométrie plane à la Géométrie dans l'espace, il suffira souvent de reprendre exactement des calculs déjà faits, en introduisant une variable de plus.

L'ordre que j'ai suivi a été déterminé par le choix des matières qu'il m'a paru utile de grouper pour constituer mon enseignement; cet ordre n'est pas indispensable et il sera bien facile de le modifier. Les élèves de seconde année pourront, par exemple, étudier les théories générales relatives aux courbes planes aussitôt après la théorie des tangentes et terminer par les coniques. J'ai pensé qu'il y aurait plus de profit pour les élèves de première année à commencer par les théories les plus faciles.

J'ai adopté, suivant en cela un usage de plus en plus répandu, deux sortes de caractères pour le texte, les plus petits étant réservés aux questions les plus difficiles et ne faisant pas partie des programmes, et parfois aussi à de simples applications.

Le dernier Volume renfermera une Note importante relative à la transformation des figures, que M. E. Borel a bien voulu rédiger.

En terminant, qu'il me soit permis d'offrir à MM. Gauthier-Villars mes bien sincères remerciements pour les soins qu'ils ont apportés à l'impression de cet Ouvrage. B. NIEWENGLOWSKI.

OCAGNE (Maurice d'), Ingénieur des Ponts et Chaussées, Répétiteur à l'École Polytechnique. — **Le Calcul simplifié par les procédés mécaniques et graphiques.** (Conférences faites au Conservatoire national des Arts et Métiers.) In-8, avec 38 figures; 1894. . . . . 2 fr. 75

PICARD (Emile), Membre de l'Institut, Professeur à la Faculté des Sciences. — **Traité d'Analyse** (Cours de la Faculté des Sciences). 4 volumes grand in-8 se vendant séparément.

TOME I : *Intégrales simples et multiples. — L'équation de Laplace et ses applications. — Développements en séries. — Applications géométriques du Calcul infinitésimal,* avec fig.; 1891. 15 fr.

TOME II : *Fonctions harmoniques et fonctions analytiques. — Introduction à la théorie des équations différentielles. — Intégrales abéliennes et surfaces de Riemann,* avec fig.; 1893. 15 fr.

TOME III : *Des singularités des intégrales des équations différentielles ordinaires. — Etude du cas où la variable reste réelle.* Prix pour les souscripteurs. . . . . 14 fr.
(Un fascicule de 197 pages a paru.)

TOME IV : *Equations aux dérivées partielles.* . . . . (*En préparation.*)

Le premier Volume commence par les parties les plus élémentaires du Calcul intégral et ne suppose chez le lecteur aucune autre connaissance que les éléments du Calcul différentiel, aujourd'hui classique dans les Cours de Mathématiques spéciales. Dans la première Partie, l'Auteur expose les éléments du Calcul intégral, en insistant sur les notions d'intégrale curviligne et d'intégrale de surface, qui jouent un rôle si important en Physique mathématique. La seconde Partie traite d'abord de quelques applications de ces notions générales; au lieu de prendre des exemples sans intérêt, l'Auteur a préféré développer la théorie de l'équation de Laplace et les propriétés fondamentales du potentiel. On y trouvera ensuite l'étude de quelques développements en séries, particulièrement des séries trigonométriques. La troisième Partie est consacrée aux applications géométriques du Calcul infinitésimal.

Les Volumes suivants sont consacrés surtout à la théorie des équations différentielles à une ou plusieurs variables; mais elle est entièrement liée à plus d'une autre théorie qu'il est nécessaire d'approfondir. Pour ne citer qu'un exemple, l'étude préliminaire des fonctions algébriques est indispensable quand on veut s'occuper de certaines classes d'équations différentielles. L'Auteur ne se borne donc pas à l'étude des équations différentielles; ses recherches rayonnent autour de ces centres.

POINCARÉ (**H.**) Membre de l'Institut, Professeur à la Faculté des Sciences. **Les Méthodes nouvelles de la Mécanique céleste.** Deux volumes grand in-8, se vendant séparément :

Tome I : *Solutions périodiques. — Non-existence des intégrales uniformes. — Solutions asymptotiques.* Avec figures; 1892 . . . . 12 fr.

Tome II : *Méthodes de MM. Newcomb, Gyldén, Lindstedt et Bohlin;* 1894. . . . . . . 14 fr.

Le but de la Mécanique céleste n'est pas atteint quand on a calculé des éphémérides plus ou moins approchées sans pouvoir se rendre compte du degré d'approximation obtenu. Il a fallu instituer des Méthodes nouvelles permettant de donner la limite supérieure des erreurs et de constater, en cas de divergence entre ces éphémérides et les observations, si la loi de Newton est en défaut ou si tout peut s'expliquer par l'imperfection de la théorie. L'Auteur, particulièrement autorisé par ses recherches antérieures, a entrepris cet Ouvrage pour réunir dans une sorte de synthèse les Méthodes nouvelles récemment proposées par de savants géomètres ainsi que ses propres travaux.

RESAL (**H.**), Membre de l'Institut. — **Exposition de la théorie des surfaces.** In-8, de XIII-171 pages; 1891 . . . . 4 fr. 50

Le lecteur trouvera réunis, dans le volume de M. Resal, un nombre considérable de théorèmes, dont beaucoup dus à l'auteur, sur les lignes de courbure, les lignes asymptotiques, lignes de niveau, lignes géodésiques, la courbure des surfaces, la possibilité de les appliquer les unes sur les autres. Ces théorèmes, ainsi que les méthodes d'investigation qui y conduisent, sont d'un usage continuel et ne sont donnés que d'une manière très incomplète dans les traités de Géométrie ou d'Analyse.

RODET et BUSQUET, Ingénieurs des Arts et Manufactures. — **Les courants polyphasés** Grand in-8, avec 71 figures; 1893 . . . . 3 fr. 50

ROUCHÉ (**Eugène**), Professeur à l'École Centrale, Examinateur à l'École Polytechnique, etc., et **COMBEROUSSE** (**Charles de**), Professeur à l'École Centrale et au Conservatoire national des Arts et Métiers, etc. — **Traité de Géométrie** conforme aux Programmes officiels, renfermant un très grand nombre d'Exercices et plusieurs Appendices consacrés à l'exposition des Principales méthodes de la Géométrie moderne. 6e édit., revue et notablement augmentée. In-8, avec plus de 600 figures et 1095 questions proposées ; 1891 . . . . 17 fr.

Prix de chaque Partie.

Ire Partie. — *Géométrie plane* . . . . 7 fr. 50

IIe Partie. — *Géométrie de l'espace; Courbes et Surfaces usuelles* . . . . 9 fr. 50

Cet ouvrage, si complet, dont le succès croissant n'a été, pour MM. Rouché et de Comberousse, qu'un encouragement à mieux faire, est conforme aux derniers Programmes officiels. Il renferme un très grand nombre d'Exercices et de Questions proposées, classés par paragraphes. Mais le caractère distinctif qui lui donne toute sa valeur consiste dans les Appendices consacrés à l'exposition, à la fois concise et approfondie, des principales Méthodes de la *Géométrie moderne.* C'est là un véritable service rendu à la vulgarisation de ces Méthodes. Comme l'a dit M. Chasles, en présentant la première édition de ce Traité à l'Académie des Sciences, « il paraît satisfaire aux besoins réels de l'enseignement en France ». Depuis, les Auteurs n'ont rien négligé pour mériter de plus en plus cet éloge. De nombreuses traductions ont prouvé qu'on en jugeait ainsi à l'étranger.

ROUCHÉ (**Eugène**) et **COMBEROUSSE** (**Charles de**). — **Éléments de Géométrie**, entièrement conformes aux derniers programmes d'enseignement des classes de troisième, de seconde, de rhétorique et de philosophie, suivis d'un **Complément à l'usage des Elèves de Mathématiques élémentaires et de Mathématiques spéciales**, et de *Notions sur le Lever des plans, l'Arpentage et le Nivellement.* 5e édition, revue et corrigée. In-8 de XL-604 p., avec 482 fig. et 543 questions proposées et exercices ; 1891 . . . . 6 fr.

Ces nouveaux **Eléments de Géométrie** (qu'il ne faut pas confondre avec le **Traité de Géométrie** des mêmes auteurs) sont entièrement conformes aux derniers programes officiels. Ils renferment toutes les parties de la Géométrie enseignées successivement dans les établissements d'instruction publique, depuis la classe de troisième jusqu'à celle de Mathématiques spéciales inclusivement, et sont destinés aux élèves appelés à suivre ces différents Cours.

SAUVAGE (**P.**), Professeur au Lycée de Montpellier. — **Les lieux géométriques en Géométrie élémentaire.** In-8, avec 47 fig.; 1893. 3 fr.

Cet Ouvrage a pour objet de donner aux élèves des idées générales sur les lieux géométriques, et en même temps de résumer en un petit nombre de méthodes simples, facilement assimilables, les procédés auxquels la plupart n'arrivent qu'après un temps assez long, par tâtonnements, un peu au hasard. Des exemples sont développés à l'appui de chaque méthode. Un dernier chapitre est consacré à l'emploi des lieux géométriques dans les problèmes graphiques. Tel qu'il est, ce livre rendra de notables services aux élèves se préparant aux baccalauréats et aux Ecoles du Gouvernement.

SCHOENFLIES (**Dr Arthur**), Professeur à l'Université de Gœttingen. — **La Géométrie du Mouvement.** *Exposé synthétique.* Traduit de l'allemand par Ch. Speckel, capitaine du génie. Edition revue et augmentée par l'auteur, suivie de *Notions géométriques sur les complexes et les congruences de droites;* par G. Fouret, Examinateur d'admission à l'Ecole Polytechnique. In-8, avec 27 figures; 1893 . . . . 6 fr. 50

SCHWARZ (**H.-A.**), Membre de l'Académie des Sciences et Professeur à l'Université de Berlin. — **Formules et Propositions pour l'emploi des Fonctions elliptiques,** *d'après les Leçons et des*

Notes manuscrites de **M. K. Weierstrass**, Membre de l'Académie des Sciences et Professeur à l'Université de Berlin; rédigées par H.-A. SCHWARZ. Traduit de l'allemand par M. HENRI PADÉ, Docteur ès sciences mathématiques. Ire PARTIE. In-4; 1894. . . . . 12 fr.

SERRET (J.-A.), Membre de l'Institut. — **Cours de Calcul différentiel et intégral.** 4e édition, augmentée d'une *Note sur les fonctions elliptiques* par M. CH. HERMITE. 2 forts volumes in-8, avec figures; 1894. . . . . 25 fr.

STOFFAES (l'abbé), Professeur à la Faculté catholique des Sciences de Lille. — **Cours de Mathématiques supérieures,** à l'usage des candidats à la Licence ès sciences physiques. In-8, avec nombreuses figures; 1891. . . . . 8 fr. 50

STURM, Membre de l'Institut. — **Cours d'Analyse de l'Ecole Polytechnique,** revu et corrigé par E. PROUHET, Répétiteur d'Analyse à l'Ecole Polytechnique, et augmenté de la **Théorie élémentaire des fonctions elliptiques,** par H. LAURENT. 10e édition, mise au courant du nouveau programme de la Licence par A. DE SAINT-GERMAIN, Professeur à la Faculté des Sciences de Caen. 2 volumes, avec figures; 1895.

Broché. . . . . 15 fr. | Cartonné. . . . . . . 16 fr. 50

TANNERY (Jules), Sous-Directeur des Etudes scientifiques à l'Ecole Normale supérieure et **MOLK (Jules)**, Professeur à la Faculté des Sciences de Nancy. **Eléments de la Théorie des Fonctions elliptiques.** 4 volumes in-8 se vendant séparément :

TOME I : *Introduction. — Calcul différentiel* (Ire Partie); 1893. . . . . 7 fr. 50
TOME II : *Calcul différentiel* (IIe Partie) ; 1895. . . . . (*Sous presse.*)
TOME III : *Calcul intégral*. . . . . (*En préparation.*)
TOME IV : *Applications*. . . . . (*En préparation.*)

THOMSON (Sir William) [Lord Kelvin], L.L.D., F.R.S., F.R.S.E., etc., Professeur de Philosophie naturelle à l'Université de Glasgow, Membre du Collège Saint-Pierre à Cambridge. — **Conférences scientifiques et allocutions.** *Constitution de la matière.* Traduites et annotées sur la 2e édition, par M. P. LUGOL, agrégé des Sciences physiques, Professeur au Lycée de Pau; avec des ***Extraits de Mémoires récents*** de Sir W. THOMSON *et quelques Notes*, par M. BRILLOUIN, Maître de Conférences à l'Ecole Normale. In-8, avec 76 figures; 1893. 7 fr. 50

TISSERAND (F.), Membre de l'Institut et du Bureau des Longitudes. — **Traité de Mécanique céleste.** 4 volumes in-4 avec figures.

TOME I : *Perturbations des planètes d'après la méthode de la variation des constantes arbitraires*; 1889. . . . . 25 fr.
TOME II : *Théorie de la figure des corps célestes et de leur mouvement de rotation*; 1891. 28 fr.
TOME III : *Exposé de l'ensemble des théories relatives au mouvement de la Lune*; 1894. 22 fr.
TOME IV et dernier : *Perturbations des petites planètes d'après les méthodes de Cauchy, Hansen et Gylden. Théorie des mouvements des satellites. Sujets détachés.* (*Sous presse.*)

L'immortel Ouvrage de Laplace est resté depuis près d'un siècle le seul Livre où les astronomes peuvent s'initier aux Méthodes de la Mécanique céleste. Cependant la Science s'est développée dans cette période et le moment était venu de résumer, de coordonner ces conquêtes et d'établir en quelque sorte le bilan de la Mécanique céleste. M. Tisserand, après vingt années d'études et de recherches, après plusieurs années d'enseignement, a entrepris cet immense labeur pour lequel il était particulièrement désigné. Nous nous faisons un devoir de signaler ce grand Ouvrage aux astronomes comme une source d'informations pour connaître exactement l'état de la Science, et comme un livre de lecture qui ouvre de grands horizons et suggère des méditations fécondes. (*Bulletin astronomique.*)

TZAUT et MORF, Professeurs à l'École industrielle cantonale, à Lausanne. — **Exercices et Problèmes d'Algèbre** (*Première série*); Recueil gradué renfermant plus de 3880 exercices sur l'Algèbre élémentaire jusqu'aux équations du premier degré inclusivement. 2e édition. In-12; 1892. . . . . 3 fr.

Réponses aux Exercices et Problèmes de la *première Série*. 2e édit. In-12. . . . . . . 2 fr.

WITZ (Aimé), Docteur ès Sciences, Professeur à la Faculté catholique des Sciences de Lille. — **Problèmes et Calculs pratiques d'Electricité.** (L'ECOLE PRATIQUE DE PHYSIQUE.) In-8, avec 51 fig. ; 1893. . . . . 7 fr. 50

L'Auteur a réuni en un certain nombre de groupes près de 350 problèmes; il espère être arrivé ainsi à reproduire la plupart des cas de la pratique et à fournir au lecteur le moyen de résoudre tous les autres. En résumé, ce Livre constitue pour ainsi dire un Dictionnaire de solutions dans lequel on trouve sans peine ce que l'on cherche, si toutefois l'arrangement systématique des questions est bien fait.

ZWEIFEL (G.) et **HOFFMANN (R.), DESROZIERS (E.), BURGHARDT** frères, et **LANHOFFER.** — **Projets de stations centrales d'énergie mécanique.** Grand in-8, avec figures et 16 planches; 1893. (Mémoires couronnés par la Société industrielle de Mulhouse dans sa séance du 30 novembre 1892, à la suite du concours spécial organisé au sujet de la création d'une station centrale de force motrice dans le Haut-Rhin, précédés du Rapport de la Commission d'examen des projets). . . . . 6 fr.

FOURTIER (H.) — Les Positifs sur verre. THÉORIE ET PRATIQUE. *Les positifs pour projections. Stéréoscopes et vitraux. Méthodes opératoires. Coloriage et montage.* Grand in-8, avec figures ; 1892. . . . . 4 fr. 50

Le livre de M. Fourtier enseigne comment on peut obtenir les épreuves sur verre; abondant en tours de main usuels, en renseignements précis, il indique les écueils à éviter, les remèdes aux accidents survenus ; en un mot, tout en exposant la théorie de chaque procédé, c'est surtout le côté pratique qu'il fait prédominer.

— La Pratique des Projections. *Étude méthodique des appareils. Les accessoires, usages et applications diverses des projections. Conduite des séances.* 2 volumes in-18 jésus; 1892-1893.

I. *Les appareils*, avec 66 figures. 2 fr. 75
II. *Les accessoires. La séance de projections*, avec 67 figures . . . . 2 fr. 75

— Les Tableaux de Projections mouvementés. *Etudes des tableaux mouvementés; leur confection par les méthodes photographiques. Montages des mécanismes.* In-18 jésus, avec figures ; 1893. . . . . 2 fr. 25

FOURTIER (H.). — Les Lumières artificielles en Photographie. Grand in-8 avec figures et 8 planches ; 1895. . . . . (*Sous presse.*)

FOURTIER (H.), BOURGEOIS et BUCQUET. — Le formulaire classeur du Photo-club de Paris. Collection de formules sur fiches, renfermées dans un élégant cartonnage et classées en trois parties : *Phototypes, Photocopies et Photocalques. Notes et renseignements divers*, divisées chacune en plusieurs Sections.

Première série ; 1892 . . . . 4 fr.
Deuxième série ; 1894. . . . . 3 fr. 50

Cet Ouvrage, d'une forme absolument nouvelle, consiste en fiches mobiles, contenues dans un cartonnage joli et résistant, sur lesquelles les auteurs ont réparti de très nombreuses formules photographiques suivant ce classement logique : *Négatifs. Positifs. Renseignements divers.* Beaucoup de fiches portent plusieurs formules à la fois, quand celles-ci ont un caractère commun ; elles sont prêtes à recevoir des additions du lecteur. De plus, ce travail devant être complété chaque année, l'amateur photographe n'aura qu'à intercaler les nouvelles fiches à leurs places respectives, pour avoir un recueil de formules toujours au courant des progrès de la science.

FOURTIER (H.) et MOLTENI (A.). — Les projections scientifiques. *Étude des appareils, accessoires et manipulations diverses pour l'enseignement scientifique par les projections.* In-18 jésus de 300 pages, avec 113 figures ; 1894.

Broché. . . . . 3 fr. 50 | Cartonné. . . . . 4 fr. 50

Les projections scientifiques, qui facilitent à si haut point les explications du conférencier ou du professeur, en montrant à tout un auditoire les phénomènes étudiés, présentent dans la pratique certaines difficultés et exigent des tours de main spéciaux qu'il est nécessaire de connaître pour assurer la réussite des expériences.

Les deux auteurs de ce livre étaient naturellement désignés pour l'écrire ; depuis de longues années, M. Molteni exécute presque journellement toutes les expériences dans les grands centres d'enseignement ; M. Fourtier, de son côté, a fait depuis longtemps une étude spéciale de la lanterne de projections et de ses multiples applications. Ils ont résumé, dans cet Ouvrage, les indications utiles pour ces sortes de projections, et ils ont décrit, avec méthode, sous une forme claire et concise, la façon d'opérer pour présenter les diverses expériences de Physique, de Chimie, etc.

GEYMET. — Traité pratique de Photographie. *Éléments complets. Méthodes nouvelles. Perfectionnements.* 4e édition, revue et augmentée par EUGÈNE DUMOULIN. In-18 jésus ; 1894. . 4 fr.

HORSLEY-HINTON. — L'Art photographique dans le paysage. *Étude et pratique.* Traduit de l'anglais par H. COLARD. Grand in-8, avec 11 planches ; 1894. . . . . 3 fr.

KARL (Van). — La miniature photographique. Procédé supprimant le ponçage, le collage, le transparent, les verres bombés et tout le matériel ordinaire de la Photominiature, donnant sans aucune connaissance de la peinture les miniatures les plus artistiques. In-18 jésus ; 1894. . . . . 75 c.

LONDE (Albert), Officier de l'Instruction publique, membre de la Société française de Photographie, Directeur du service photographique à la Salpêtrière. — **La Photographie médicale. Application aux sciences médicales et physiologiques.** Grand in-8, avec 80 figures et 19 planches ; 1893. . . . . 9 fr.

Dans sa préface de la *Photographie médicale* que vient de publier M. Londe, chef du service photographique à la Salpêtrière, l'éminent professeur Charcot rappelle les immenses services rendus par la Photographie à la Médecine et à la Physiologie. Nous n'ajouterons rien après une telle autorité, et nous dirons seulement que ce beau volume comprend un nombre inusité de planches et de figures, aussi curieuses pour le médecin que pour le photographe.

LONDE. — Traité pratique du développement. Étude raisonnée des divers révélateurs et de leur mode d'emploi. 2e édition. In-18 jésus, avec figures et 4 planches doubles en phototypie ; 1892 . . . . 2 fr. 75

SORET (A.), Professeur de Physique au Lycée du Havre. — **Optique photographique.** *Notions nécessaires aux photographes amateurs. Etude de l'objectif. Applications.* In-18 jésus, avec 72 figures; 1891 . . . . 3 fr.

TRUTAT (E.), Directeur du Musée d'Histoire naturelle de Toulouse, Président de la Section des Pyrénées centrales du Club alpin français, Président de la Société photographique de Toulouse. — **La Photographie en montagne.** In-18 jésus, avec figures et 1 planche; 1894 . . . . 2 fr. 75

VIDAL (Léon), Officier de l'Instruction publique, Professeur à l'Ecole nationale des Arts décoratifs. **Traité de Photolithographie.** *Photolithographie directe et par voie de transfert. Photozincographie. Photocollographie. Autographie. Photographie sur bois et sur métal à graver. Tours de main et formules diverses.* In-18 jésus, avec 25 figures, 2 planches et spécimens de papiers autographiques; 1893 . . . . 6 fr. 50

VIEUILLE (G.). — **Nouveau Guide pratique du Photographe amateur.** 3e édition, refondue et beaucoup augmentée. In-18 jésus; 1892 . . . . 2 fr. 75

Ce *Nouveau Guide pratique du photographe amateur* pourrait être plus long; il ne pourrait être plus complet. Il ne contient que ce qu'il faut, mais il contient tout ce qu'il faut.

Deux éditions enlevées en peu de temps prouvent que cet ouvrage était nécessaire; nous pouvons affirmer qu'en dépit de sa concision, il est suffisant.

WALLON (E.), Ancien élève de l'Ecole Normale supérieure, Professeur de Physique au Lycée Janson de Sailly. — **Traité élémentaire de l'objectif photographique.** Un beau volume grand in-8, avec 135 figures; 1891 . . . . 7 fr. 50

Ce Traité s'adresse à ceux qui veulent choisir, en connaissance de cause, l'appareil dont ils ont besoin et apprendre les procédés opératoires permettant de l'étudier dans ses diverses parties; à tous ceux qui désirent savoir comment les rayons lumineux sont guidés dans leur marche par l'art de l'opticien. En un mot, cet Ouvrage, comme « l'Optique photographique » de Monckhoven, depuis longtemps épuisée, intéresse les amateurs et les praticiens.

ENCYCLOPÉDIE SCIENTIFIQUE

DES AIDE-MÉMOIRE

PUBLIÉE SOUS LA DIRECTION DE

M. H. LÉAUTÉ, Membre de l'Institut.

250 VOLUMES ENVIRON, PETIT IN-8, PARAISSANT DE MOIS EN MOIS

30 à 40 volumes seront publiés par an.

Chaque volume est vendu séparément :

Broché . . . . 2 fr. 50 | Cartonné, toile anglaise. . . 3 fr.

Le prospectus détaillé de l'Encyclopédie est envoyé franco sur demande.

Cette publication, qui se distingue par son caractère pratique, reste cependant une œuvre hautement scientifique.

Embrassant le domaine entier des Sciences appliquées, depuis la Mécanique, l'Électricité, l'Art de l'Ingénieur, la Physique et la Chimie industrielles, etc., jusqu'à l'Agronomie, la Biologie, la Médecine, la Chirurgie et l'Hygiène, elle se compose d'environ 250 volumes petit in-8.

Chacun d'eux, signé d'un nom autorisé, donne, *sous une forme condensée*, l'état précis de la Science sur la question traitée et toutes les indications pratiques qui s'y rapportent.

La publication est divisée en deux sections : **Section de l'Ingénieur, Section du Biologiste,** qui paraissent simultanément depuis février 1892 et se continuent avec régularité de mois en mois.

Les Ouvrages qui constitueront ces deux Séries permettront à l'Ingénieur, au Constructeur, à l'Industriel, d'établir un projet sans reprendre la théorie ; au Chimiste, au Médecin, à l'Hygiéniste, d'appliquer la technique d'une préparation, d'un mode d'examen ou d'un procédé sans avoir à lire tout ce qui a été écrit sur le sujet. Chaque volume se termine par une Bibliographie méthodique permettant au lecteur de pousser plus loin et d'aller aux sources.

ENCYCLOPÉDIE
DES TRAVAUX PUBLICS
ET ENCYCLOPÉDIE INDUSTRIELLE

FONDÉES PAR

M. M.-C. LECHALAS

Inspecteur général des Ponts et Chaussées en retraite.

BRICKA (C.), Ingénieur en chef des Ponts et Chaussées, Ingénieur en chef de la voie et des bâtiments aux Chemins de fer de l'Etat. — **Cours de Chemins de fer** *professé à l'Ecole nationale des Ponts et Chaussées.* 2 beaux volumes grand in-8 se vendant séparément. (E. T. P.)

Tome I : *Études.— Construction.— Voie et appareils de voie.* Avec 326 figures; 1894. 20 fr.

Tome II : *Matériel roulant. — Traction. — Exploitation technique. — Exploitation commerciale. — Tarifs. — Régime des concessions. — Dépenses de construction et d'exploitation. — Appendice : Chemins de fer de systèmes divers.* Avec 464 figures ; 1894. . . 20 fr.

CRONEAU (A.), Ingénieur de la Marine, Professeur à l'Ecole d'application du Génie maritime. — **Architecture navale. — Construction pratique des navires de guerre.** 2 volumes grand in-8 se vendant séparément. (E. I.)

Tome I : *Plans et devis. — Matériaux. — Assemblages. — Différents types de navires. — Charpente. — Revêtement de la coque et des ponts.* Grand in-8, avec plus de 300 figures et un Atlas de 11 planches; 1894. . . . . 18 fr.

Tome II : *Cloisonnement. — Cuirassement. — Ouvertures percées dans la coque, les ponts et les cloisons. — Ventilation. — Service d'eau. — Gouvernails. — Poids et résistance des coques. — Préservatifs des corrosions.* Grand in-8, avec nombreuses figures. (Paraîtra à la fin de 1894.). . . . . 15 fr.

DENFER (J.), Architecte, Professeur à l'Ecole Centrale. — Architecture et Constructions civiles. — Couverture des Edifices. *Ardoises. Tuiles. Métaux. Matières diverses. Chéneaux et descentes.* Grand in-8 de 469 pages, avec 423 figures; 1893 (E. T. P.). . . . . 20 fr.

DENFER (J.), Architecte, Professeur à l'Ecole Centrale. — **Charpenterie métallique.** *Menuiserie en fer et serrurerie.* Deux beaux volumes grand in-8, se vendant séparément. (E. T. P.)

Tome I : *Généralités sur la fonte, le fer et l'acier. — Résistance de ces matériaux. — Assemblages des éléments métalliques. — Chaînages, linteaux et poitrails. — Planchers en fer. — Supports verticaux. — Colonnes en fonte. — Poteaux et piliers en fer.* Grand in-8 de 584 pages et 479 figures; 1894. . . . . 20 fr.

Tome II : *Pans métalliques. — Combles. — Passerelles et petits ponts. — Escaliers en fer. — Serrurerie.* (Ferrements des charpentes et menuiseries, paratonnerres, clôtures métalliques, menuiserie en fer, serres et vérandas.) Avec 571 figures ; 1894. . 20 fr.

HENRY (Ernest), Inspecteur général des Ponts et Chaussées. — **Ponts sous rails et ponts-routes à travées métalliques indépendantes. — Formules, Barèmes et Tableaux.** *Calculs rapides des moments fléchissants et efforts tranchants pour les ponts supportant des voies ferrées de largeur normale, des voies de 1 mètre, des routes et chemins vicinaux.* Grand in-8, avec 267 figures; 1894. (E. T. P.). . . . . 20 fr.

LECHALAS (Georges), Ingénieur en chef des Ponts et Chaussées. — **Manuel de Droit administratif.** *Service des Ponts et Chaussées et des Chemins vicinaux.* 2 volumes grand in-8, se vendant séparément. (E. T. P.

Tome I : *Notions sur les trois pouvoirs. Personnel des Ponts et Chaussées. Principes d'ordre financier. Travaux intéressant plusieurs services. Expropriations. Dommages et occupations temporaires;* 1889. . . . . 20 fr

Tome II (Ire Partie) : *Participation des tiers aux dépenses des travaux publics. Adjudications. Fournitures. Régie. Entreprises. Concessions ;* 1893 . . . . 10 fr.

LEÇONS
DE CHIMIE

A L'USAGE

DES ÉLÈVES DE MATHÉMATIQUES SPÉCIALES

PAR

Henri GAUTIER et Georges CHARPY

DOCTEURS ÈS SCIENCES,
ANCIENS ÉLÈVES DE L'ÉCOLE POLYTECHNIQUE

DEUXIÈME ÉDITION, ENTIÈREMENT REFONDUE

Un volume grand in-8, avec 92 figures; 1894. . . . . 9 fr.

COURS DE GÉOMÉTRIE DESCRIPTIVE

A L'USAGE DES ÉLÈVES DE L'ENSEIGNEMENT SECONDAIRE MODERNE

Par M. Ch. BRISSE

PROFESSEUR A L'ÉCOLE CENTRALE ET AU LYCÉE CONDORCET
RÉPÉTITEUR A L'ÉCOLE POLYTECHNIQUE

Grand in-8, avec 345 figures dans le texte; 1895. — Prix. . . . . 7 fr.

Le Cours que nous présentons aujourd'hui au public contient les matières nécessaires aux élèves de l'**Enseignement secondaire moderne.** Il a été rédigé, à ce point de vue, d'après les programmes les plus récents. Nous pouvons ajouter que cet Ouvrage constitue un *Cours élémentaire de Géométrie descriptive* également utile à consulter pour tous ceux qui étudient pour la première fois cette application si intéressante de la science.

COURS
DE
GÉOMÉTRIE ANALYTIQUE

A L'USAGE

DES ÉLÈVES DE LA CLASSE DE MATHÉMATIQUES SPÉCIALES ET DES CANDIDATS AUX ÉCOLES DU GOUVERNEMENT

PAR

B. NIEWENGLOWSKI

Professeur de Mathématiques spéciales au Lycée Louis-le-Grand, Membre du Conseil supérieur de l'Instruction publique.

TOME I : SECTIONS CONIQUES; 1894. . . . . 10 fr.

TOME II : CONSTRUCTION DES COURBES PLANES. COMPLÉMENTS RELATIFS AUX CONIQUES. (*Paraîtra à la fin de* 1894.)

TOME III : GÉOMÉTRIE DANS L'ESPACE, avec une *Note sur la transformation des figures*, par E. BOREL, maître de Conférences à la Faculté des Sciences de Lille. . . . . (*En préparation.*)

Made in the USA
Monee, IL
18 October 2026

66039194R10096